家装材料
全能速查　上

◎ 锐扬图书 编

客厅 玄关走廊 书房 休闲区 阳台

U0214678

海峡出版发行集团 | 福建科学技术出版社
THE STRAITS PUBLISHING & DISTRIBUTING GROUP | FUJIAN SCIENCE & TECHNOLOGY PUBLISHING HOUSE

图书在版编目（CIP）数据

家装材料全能速查.上，客厅 玄关走廊 书房 休闲区 阳台/锐扬图书编.—福州：福建科学技术出版社，2018.9

ISBN 978-7-5335-5626-6

Ⅰ.①家… Ⅱ.①锐… Ⅲ.①住宅－室内装修－装修材料－基本知识 Ⅳ.① TU56

中国版本图书馆 CIP 数据核字（2018）第 090709 号

书　　名	**家装材料全能速查　上（客厅　玄关走廊　书房　休闲区　阳台）**
编　　者	锐扬图书
出版发行	福建科学技术出版社
社　　址	福州市东水路 76 号（邮编 350001）
网　　址	www.fjstp.com
经　　销	福建新华发行（集团）有限责任公司
印　　刷	福州德安彩色印刷有限公司
开　　本	700 毫米 ×1000 毫米　1 / 16
印　　张	14
图　　文	224 码
版　　次	2018 年 9 月第 1 版
印　　次	2018 年 9 月第 1 次印刷
书　　号	ISBN 978-7-5335-5626-6
定　　价	68.00 元

Contents 目录

Contents 目录

Contents 目录

03 ／ 书 房

Contents 目录

01/

客厅

客厅的设计要点

　　客厅的功能分区要合理，因为这会直接影响到主人的生活。客厅的布局，应是最为顺畅的，无论是侧边通过的客厅还是中间横穿的客厅交通线布局，都应确保进入客厅或通过客厅的顺畅，当然，这种确保是在条件允许的情况下形成的。客厅使用的家具，应考虑家庭活动的适用性和成员的适用性。

　　客厅的风格基调要注意简洁。风格和个性能通过多种方法来实现，例如，色彩、灯光、材料、配品等。客厅的每个细小的差别都能折射出主人不同的人生观、品位及修养。客厅风格设计的最主要特点是突出简洁、美观、实用。在色彩上，以简洁明快的视觉效果为主。

　　此外，客厅的整体设计要注意营造宽敞的感觉，以为居住者带来轻松的心境和欢愉的心情；可以采用较少的、做工细致的、造型简洁的装饰物来打扮客厅，而且风格以简洁、利落的线条为主，这会使房间显得通透、宽敞。

客厅顶面装饰材料

客厅顶面造型速查

现代简约风格客厅顶面造型

· 龙骨+纸面石膏板

· 龙骨+弧形错层石膏板+灯带

· 龙骨+方形错层石膏板+黑色烤漆玻璃装饰线

· 龙骨+长方形错层石膏板+装饰灰镜

传统美式风格客厅顶面造型

· 龙骨+方形错层石膏板+石膏格栅

· 龙骨+错层石膏板+实木横梁

· 龙骨+白松木扣板+实木横梁

· 龙骨+红樱桃木饰面板井字格造型+纸面石膏板

清新田园风格客厅顶面造型

· 龙骨+圆角弧形错层石膏板

· 龙骨+石膏板井字格造型

· 龙骨+石膏板错层+白松木扣板+实木横梁

· 龙骨+长方形错层石膏板+实木菱形格栅+石膏菱形格栅

古典中式风格客厅顶面造型

- 龙骨+方形错层石膏板+实木装饰线+壁纸
- 龙骨+不规则造型错层石膏板+实木饰面板+灯带
- 龙骨+方形错层石膏板+金箔壁纸+灯带+实木饰面板
- 龙骨+木质窗棂造型+长方形错层石膏板+实木装饰线

奢华欧式风格客厅顶面造型

- 龙骨+异形错层石膏板+灯带+石膏板浮雕
- 龙骨+异形跌级石膏板+灯带+金箔壁纸+石膏板浮雕
- 龙骨+圆弧形跌级石膏板
- 龙骨+圆角方形错层石膏板+金箔壁纸+法式石膏装饰线

浪漫地中海风格客厅顶面造型

- 龙骨+圆角弧形错层石膏板+白松木扣板
- 龙骨+圆角弧形错层石膏板+白松木扣板+实木装饰横梁
- 龙骨+白松木扣板+木质树干造型+石膏板
- 龙骨+平面石膏板+炭化木板

简欧风格客厅顶面造型

- 龙骨+方形跌级石膏板+石膏板浮雕+金箔壁纸
- 龙骨+长方形错层石膏板+石膏造型装饰线
- 龙骨+错层石膏板+石膏菱形格栅+金箔壁纸
- 龙骨+车边茶镜+方形错层石膏板

平面石膏板

　　平面石膏板吊顶的主要材料就是纸面石膏板。纸面石膏板主要是以建筑石膏为主要原料，掺入适量添加剂与纤维做板芯，以特制的板纸为护面，经加工制成的板材。一般的基本尺寸为1.22米×2.44米。纸面石膏板具有重量轻、隔声、隔热、加工性能强、施工方法简便的特点。平面石膏板适用于现代风格的顶面装饰使用，它没有多余的修饰，简洁大方；此外在小户型空间中的应用也十分常见。

设计详解： 平面无造型石膏板吊顶再搭配几组造型简洁的筒灯，完美地演绎出现代风格简洁大方的特点。

材料搭配
纸面石膏板+筒灯+白色乳胶漆

纸面石膏板的辨别

优质纸面石膏板的纸面轻且薄，强度高，表面光滑，没有污渍，韧性好。劣质板材的纸面厚且重，强度差，表面可见污点，易碎裂。高纯度的石膏芯主料为纯石膏，而低质量的石膏芯则含有很多有害物质。从外观看，好的石膏芯颜色发白，而劣质的则发黄，颜色暗淡。

设计详解： 现代简约风格的客厅空间更偏爱以平面石膏板作为顶面装饰，再搭配白色的灯带作为辅助照明，既能起到很好的装饰效果，又能营造空间氛围。

材料搭配
纸面石膏板+白色乳胶漆+灯带

硅酸钙板

　　硅酸钙板是一种新型绿色环保材料，是由硅质材料、钙质材料、增强纤维等按一定比例配合，经抄取或模压、蒸压养护等工序制成的一种新型的无机建筑材料。除具有传统石膏板的功能外，它更具有优越的防火、耐潮、隔音、防蛀虫、使用寿命超长等优点，是吊顶、隔断的理想装饰板材。

设计详解：硅酸钙板有很强的可装饰性，将其粉刷成白色，再以灰镜作为装饰点缀，给造型简洁的平面吊顶带来了色彩与材质上的层次感。

材料搭配
硅酸钙板+白色乳胶漆+灰镜

装修小课堂

如何进行客厅的色彩搭配

　　客厅是家人、朋友交流、休闲娱乐的地方，客厅的色彩除了要体现主人的个性外，还要兼顾客人的共性。协调色就是不再把墙面与家具、织料、窗帘、装修材料明显地区分开来，而是用一个色调严格地把整个室内环境统一起来。咖啡色调较好用，因它与其他多种颜色有内在的联系，所以容易形成和谐感。单色调可以取得宁静、安详的效果，并具有良好的空间感以及为室内的陈设提供良好的背景。普通的白色基调，与不同的色彩搭配，可以呈现出各种效果。

硅酸钙板的辨别

在选购硅酸钙板时，要注意看其背面的材质说明，部分含石棉等有害物质的产品会对人体造成危害。一流的生产商会针对客户使用过程中可能遇到的问题进行周全考虑，制定相关售后服务，彻底解决使用者的后顾之忧。硅酸钙板在外观上保留了石膏板的美观，但在重量方面大大低于石膏板，强度高于石膏板，改变了石膏板易受潮、易变形的缺点，延长了板材的使用寿命；而且在隔声、保温方面均优于石膏板。硅酸钙板的功能比较强大，可弯曲，能够做出各种不同的造型。

设计详解： 方形错层石膏板吊顶搭配具有隔音效果的硅酸钙板，让整个客厅顶面的功能性与装饰性并存。

材料搭配
纸面石膏板+白色硅酸钙板+灯带+木质收边条混油

矿棉吸音板

矿棉吸音板是以粒状棉为主要原料,再加入其他添加物高压蒸挤切割制成,具有很强的防火性与吸音性能。矿棉吸音板的表面处理形式十分丰富,有很强的装饰效果。如,滚花型矿棉吸音板,其表面布满深浅、形状、孔径各不相同的孔洞;经过铣削成形的立体形矿棉吸音板,表面制作成大小方块、不同宽窄条纹等形式;还有一种浮雕型矿棉吸音板,经过压模成形,表面图案精美,有中心花、十字花、核桃纹等造型,是一种很好的装饰用吊顶型材。

设计详解: 用轻钢龙骨做出客厅顶面的错层造型,再分别安装纸面石膏板与矿棉吸音板,使整个顶面造型简洁又不失装饰感,同时还能突出材料的功能特点。

材料搭配
纸面石膏板+矿棉吸音板+木质格栅装饰线

设计详解: 方形错层石膏板吊顶搭配浅米色矿棉吸音板,既能突出材质的层次感,又不会产生色彩的压抑感,充分地表现出混搭风格的魅力。

材料搭配
纸面石膏板+黑色木质格栅装饰线+米色矿棉吸音板

设计详解： 在客厅层高允许的情况下，将顶面做出圆拱造型，再搭配带有金属色彩的矿棉吸音板，让整个客厅空间更加具有现代感。

材料搭配
纸面石膏板+白色乳胶漆+矿棉吸音板

异形吊顶的设计原则

异形吊顶主要用于顶面的局部装饰。在楼层比较低的房间，可以把顶面的管线遮挡在吊顶内，然后再嵌入筒灯或内藏日光灯，产生只见光影不见灯的装饰效果。异形吊顶还可以采用云形波浪线或不规则弧线，一般不超过整体顶面面积的三分之一，可产生浪漫轻盈的感觉。

石膏板雕花

　　石膏板雕花装饰吊顶是一种在欧式风格中比较常见的装饰材料。与传统纸面石膏板的原材料相同，表面雕花通过以欧式古典图案与现代工艺相结合的设计手法来实现，具有很强的装饰效果，能够很好地展现出欧式风格家居的轻奢与精致。

设计详解： 方形错层石膏板吊顶采用石膏板雕花作为顶面装饰，完美地演绎出欧式风格的奢华与精致。

材料搭配
纸面石膏板+石膏板雕花+法式石膏板装饰线

设计详解： 传统欧式弧形跌级吊顶多采用石膏雕花装饰，再搭配圆角石膏装饰性角线，让整个顶面与墙面更加自然。

材料搭配
石膏板雕花+圆角石膏装饰线+白色乳胶漆

条纹木饰面板

　　木饰面板的全称是装饰单板贴面胶合板，它是将天然木材或科技木刨切成一定厚度的薄片，黏附于胶合板表面，然后经热压而成的一种用于室内装修或家具制造的表面材料。木饰面板种类繁多，是一种应用比较广泛的板材。其中条纹木饰面板既具有木材的优美花纹，又充分利用了木材资源，降低了成本。它同时具有施工简单、快捷，装饰效果出众的特点。在选择条纹木饰面板作为顶面装饰时，应注意尽量选择浅色调，因为深色调的顶面装饰很容易给空间带来压抑的感觉；相反，浅淡的色调则能很好地烘托出一个温馨的空间氛围。

设计详解： 在面积较大并且采光很好的客厅中，可以选用大面积的木饰面板作为顶面装饰，顶面的色彩要与地面、墙面及家具相协调。

材料搭配
原木色条纹木饰面板+筒灯

设计详解： 尖拱形顶面采用浅棕色条纹木饰面板作为主要装饰材料，在色彩与材质上都很好地提升了空间的层次感，展现出乡村美式风格的淳朴与自然。

材料搭配
浅棕色条纹木饰面板+纸面石膏板

设计详解： 将顶面的错层造型延伸至墙面，让整个客厅空间更加具有整体感。

材料搭配
纸面石膏板+白色乳胶漆+原木色条纹木饰面板+灯带

条纹木饰面板的辨别

1.厚度。表层木皮的厚度应达到相关标准要求，太薄会透底。厚度佳，油漆后的实木感更真、纹理更清晰、色泽更鲜明、饱和度更好。

2.胶层结构。看板材是否翘曲变形，能否垂直竖立、自然平放。翘曲或板质不挺拔、无法竖立则为劣质底板。

3.美观度。饰面板外观应细致均匀、色泽清晰、木纹美观，表面无疤痕，配板与拼花的纹理应按一定规律排列，木色相近，拼缝与板边近乎水平。

4.气味性。应避免选购具有刺激性气味的装饰板。如果刺激性异味强烈，则说明甲醛释放量超标，会严重污染室内环境，对人体造成伤害。

浅橡木饰面板吊顶

以浅色橡木作为木饰面板的贴面，在北欧、混搭等风格的顶面装饰中十分常见。因为橡木的木质细密，表面纹理独特、清晰、自然，色泽淡雅，所以它能够轻而易举地营造出一个自然、淳朴的空间氛围。在选择浅橡木饰面板作为顶面装饰时，应注意与其他顶面装饰材料在颜色上的对比搭配，同时也要注意与家具色调的协调搭配，通过色彩与材质的对比，来提升空间的层次感。

设计详解： 方形错层吊顶以浅色的木饰面板作为主要装饰，让整个客厅空间更有暖意，更加亲近自然。

材料搭配
纸面石膏板+白色乳胶漆+浅橡木饰面板+灯带

设计详解： 现代风格客厅的顶面采用浅橡木饰面板作为主要装饰，适当地使用一些装饰镜面作为搭配，可以更有效地展现出现代风格时尚感。

材料搭配
装饰灰镜+浅橡木饰面板

设计详解： 在方形跌级吊顶中央用浅绿色橡木饰面板作为色彩层次的提升，很好地缓解了空间配色的沉闷感。

材料搭配
纸面石膏板+彩色乳胶漆+浅橡木饰面板混油

✎ 装修小课堂

顶面的色彩设计原则

1. 顶面的颜色不能比地面深，这是选择顶面颜色最基本的原则，如果顶面的颜色比地面深，就很容易有头重脚轻的感觉。顶面的色彩一般不超过三种。如果墙面色调为浅色系列，则用白色顶棚比较合适。

2. 顶面选色一般需要参考地面及家具的颜色，以协调、统一为原则。

3. 如果墙面色彩强烈，则最适合用白色顶面。一般而言，使用白色顶棚是最不容易出错的做法，尤其是当墙面已经具有强烈色彩时，顶面选用白色就不会干扰原本要强调的墙面色彩，否则很容易因为色彩过多而产生紊乱的感觉。

实木装饰线

实木装饰线在顶面的装饰中是必不可少的材料。因为有的居室层高比较高，顶面会显得比较空旷，所以在顶棚与墙面之间装饰一圈角线，便可以很有效地缓解视觉上的落差感。我们可以根据顶面的造型来选择实木装饰线的样式，如直线型、圆角造型、反式圆角造型或雕花造型；可以根据顶面的装饰材料来选用，如榉木、柚木、松木、椴木、杨木等材质；还可以根据居室配色来进行选择实木装饰线的颜色，如白色混油、彩色混油或清漆。

设计详解： 大面积的白色吊顶，采用棕红色实木装饰线作为装饰，可以很好地增强顶面造型的层次感。

材料搭配
纸面石膏板＋白色乳胶漆＋实木窗棂造型装饰线

设计详解： 方形错层石膏板吊顶再搭配棕红色实木装饰线，很好地起到了衔接顶面与墙面的作用。

材料搭配
纸面石膏板+白色乳胶漆+实木顶角线

设计详解： 长方形回字纹错层吊顶，搭配实木装饰线来提升造型与色彩的层次感，很好地展现出现代中式风格的古朴与精致。

材料搭配
纸面石膏板+有色乳胶漆+实木装饰线

中性色调的设计运用

淡雅、别致的中性色调始终是雅致风格家居的最好诠释。褐色、咖啡色等中性偏暖的颜色是布置客厅的好选择。客厅是家居中的公共区域，色彩运用上除了要考虑自己的喜好外，也应顾及客人的感受。中性色不会因为过分张扬或跳跃引起人的紧张感，可以给客人或热情或温馨的感觉。

万字格雕花

万字纹是最具有中国传统文化的装饰纹样，有吉祥、万福和万寿之意。在传统的中式风格装修中常用于木制窗格、格栅中。用万字格作为顶面装饰时，通常是与石膏板进行搭配，先将石膏吊顶设计安装完毕，再根据石膏吊顶的形状、留白位置来安装万字格雕花。万字格雕花材质的可选择性比较多，如樱桃木、胡桃木、橡木、桦木等等；在颜色的选择上可以根据居室配色来选择；造型上则要根据石膏吊顶的形状来决定，可以是圆形、方形、直角形或直线造型。

设计详解： 全白色的方形石膏板错层吊顶，采用中式传统木质花格作为顶面点缀装饰，充分展现出中式风格的韵味。

材料搭配
纸面石膏板+白色乳胶漆+木质花格

设计详解： 方形错层吊顶与圆形万字格装饰相结合，从色彩到材质都增强了顶面造型的层次感，让中式风情更加浓郁。

材料搭配
纸面石膏板+白色乳胶漆+实木装饰线+彩色硅藻泥壁纸

设计详解： 长方形错层吊顶搭配以棕红色的木质窗棂来突出顶面的层次感，同时在色彩上也完美地展现出中式风格的配色特点。

材料搭配
纸面石膏板+白色乳胶漆+木质装饰线+灯带

设计详解： 普通的方形错层石膏板吊顶搭配棕红色的实木装饰线，简洁大方，又不失中式风格的韵味。

材料搭配
纸面石膏板+白色乳胶漆+实木装饰线

实木尖顶吊顶

尖顶形吊顶在东南亚、地中海、美式等异域风情浓郁的风格中十分常见。尖顶造型吊顶在层高条件允许的情况下，以木龙骨或轻钢龙骨作为造型支架，以实木材料或石膏板作为装饰材料。以实木作为尖顶装饰材料时，应注意所选木材的承重能力和颜色，宜选用承重力好的硬木，如柚木、胡桃木、橡木、榆木、榉木等。在颜色的选择上可根据居室配色进行搭配；颜色最好不要深于地面的颜色，否则会给人一种上重下轻的压抑感。通常情况下，东南亚风格的顶面偏爱于采用木材本身的颜色，不做多余修饰，便能很好地起到自然、古朴的装饰作用；地中海风格则偏向于将实木材料涂刷成白色、蓝色，彰显自由、浪漫的风格特点。

设计详解： 尖顶形吊顶采用实木作为主要材料，以白色与棕红色作为顶面配色，深浅有度，让整个客厅空间不会因顶面过高而显得空旷。

材料搭配
白松木扣板+红樱桃木装饰横梁

设计详解： 选用大量的木质材料作为顶面的装饰，在色彩与造型上都能很好地展现出田园风格中亲近自然的风格特点。

材料搭配
条纹木饰面板+实木装饰横梁

金箔壁纸

　　金箔壁纸是以金色、银色为主要色彩，面层以铜箔仿金、铝箔仿银制成的特殊壁纸，拥有光亮华丽的效果，具有不变色、不氧化、不腐蚀、可擦洗等优点。金箔壁纸能够营造出繁富典雅、高贵华丽空间氛围。金箔壁纸在巴洛克、洛可可等古典欧式风格中比较常见。

设计详解： 纯白色的石膏跌级吊顶采用金箔壁纸作为点缀装饰，可以有效地缓解单一色调与材质给顶面带来的单调感。

材料搭配
纸面石膏板+白色乳胶漆+金箔壁纸+石膏装饰线

设计详解： 圆弧造型吊顶是传统欧式风格中最常用到的装饰手法，结合金黄色的金箔壁纸，更能显示出欧式风格的厚重感与美感。

材料搭配
纸面石膏板+金箔壁纸+石膏装顶角线

茶镜装饰吊顶

茶镜是用茶晶或茶色玻璃制成的装饰镜面。相比一般的银色镜面,茶镜更能提升所在空间的层次感。在使用茶镜作为顶面装饰时,不宜大面积的使用,最好是用作装饰线条或小块局部的点缀使用。

设计详解: 方形石膏板错层吊顶搭配浅茶色的车边镜面,丰富顶面造型的同时也不会显得压抑。

材料搭配
纸面石膏板+白色乳胶漆+浅茶色车边镜

设计详解: 跌级造型吊顶四周采用层叠造型的石膏装饰线与茶镜作为装饰,一方面展现了欧式风格的精致品位,另一方面也为客厅的顶面设计增色不少。

材料搭配
纸面石膏板+白色乳胶漆+层叠石膏装饰线+装饰茶镜

设计详解：为了缓解大面积茶镜作为顶面装饰带来的压抑感，可以适当地选用一些木质线条作为搭配，既能提升色彩层次感，又能丰富顶面造型。

材料搭配
纸面石膏板＋白色乳胶漆＋装饰茶镜＋木质装饰线混油

装修小课堂

顶面的设计形式与材料的选择

顶面设计要与楼板结构形式统一考虑，应尽量利用建筑的原始材料，因势利导。同时，顶面要避免使用大面积过暗或过亮材料。颜色过暗会使反光性能降低，过亮甚至刺眼的材料易使人感到不适。

车边黑镜装饰吊顶

带有车边工艺的装饰镜面相比平面镜面，前者所塑造的立体感更强。在现代风格装修中，经常采用车边黑镜作为顶面的点缀装饰。但由于黑镜本身的颜色较深，因此应尽量不要应用在面积较小的客厅顶面，同时要注意与客厅内的家具、墙面、地面等颜色相协调，以避免深色顶面带来的压抑感。

设计详解：采光好的客厅，顶面可以采用黑色镜面作为装饰材料，既不影响美感，又不会产生压抑感。

材料搭配
纸面石膏板＋白色乳胶漆＋黑镜

设计详解：采用黑色镜面与层叠造型的石膏装饰线作为顶面装饰材料的装饰点缀，丰富造型的同时又能很好地展现出简欧风格的轻奢感。

材料搭配
纸面石膏板＋白色乳胶漆＋层叠造型石膏板线＋装饰黑镜＋软包

客厅墙面装饰材料

客厅墙面造型速查

现代简约风格客厅墙面造型

• 石膏板肌理造型+白色乳胶漆

• 爵士白大理石凹凸造型+胡桃木饰面板

• 有色乳胶漆+艺术墙贴

• 黑白根大理石+米色洞石+陶瓷马赛克

传统美式风格客厅墙面造型

• 白色乳胶漆+彩色硅藻泥+车边银镜

• 文化石贴面+木质隔板+彩色硅藻泥

• 板岩+白色乳胶漆

• 文化砖壁炉造型+柚木饰面板+实木隔板

清新田园风格客厅墙面造型

• 纸面石膏板拱门造型+原木饰面板+仿古砖

• 石膏板拱门造型+白枫木装饰线+印花壁纸

• 纯纸壁纸+木质装饰线刷白

• 文化砖+有色乳胶漆+木质隔板

古典中式风格客厅墙面造型

- 装饰壁布+青砖
- 银镜+木纹墙面
- 胡桃木饰面板凹凸造型+手绘墙饰+肌理壁纸
- 胡桃木饰面板+胡桃木窗棂造型+米黄大理石+印花壁纸

奢华欧式风格客厅墙面造型

- 米黄大理石凹凸造型+镜面马赛克+装饰银镜
- 雪弗板雕花+白色人造大理石+黑白根大理石收边线
- 银镜雕花描金+白色人造大理石矮墙造型
- 皮革软包+红樱桃木饰面板凹凸造型+黑金花大理石踢脚线

浪漫地中海风格客厅墙面造型

- 白桦木饰面板+木质隔板+陶瓷马赛克
- 木质隔板+白色板岩砖+木质装饰线混油
- 白枫木饰面板+木质隔板
- 木质装饰线刷白+印花壁纸+彩色乳胶漆

简欧式风格客厅墙面造型

- 车边灰镜+木质收边条+无纹理软包
- 白枫木装饰线+装饰茶镜+印花壁纸
- 米色网纹大理石+植绒浮雕壁纸
- 皮革装饰硬包+装饰银镜+木饰面板描银

装饰硬包

装饰硬包的填充物不同于软包，它是将密度板做成相应的设计造型后，包裹在皮革、布艺等材料里面。相比软包，皮革硬包更加适用于现代风格家居中的墙面装饰，它具有鲜明的棱角，线条感更强。皮革软包的造型多以简洁的几何图形为主，例如正方形、长方形、菱形等，偶尔也会有一些不规则的多边形。

设计详解： 三角形的装饰硬包规律地排列，再搭配同色系的壁纸与墙漆，让整个电视墙面很有整体感；白色木质装饰线的加入则很好地提升了整个室内的视觉层次感。

材料搭配
白枫木装饰线＋印花壁纸＋装饰硬包＋有色乳胶漆

木质格栅

　　木质格栅就是将木质线条排列成格栅造型，固定在墙面上；也可以将木质格栅独立设计成空间的隔断，形成若隐若现的视觉感。木质格栅的颜色可以是与墙面形成对比，或是与家具同一色调，形成色彩上的呼应。但最终的颜色都是要根据客厅主要配色进行选择，才能达到空间协调感。

设计详解：田园风格空间内采用白色木质格栅作为玄关与客厅之间的间隔，既实用又不乏装饰效果。

材料搭配
白枫木格栅

设计详解：整个电视墙面以棕红色木质格栅作为墙面的主要装饰，充分地展现出新中式风格的色彩与装饰特点。

材料搭配
红樱桃木格栅+白色乳胶漆

泰柚木饰面板

　　泰柚木质地坚硬，细密耐久，耐磨耐腐蚀，不易变形，是涨缩率最小的木材之一，泰柚木饰面板可广泛用于家具、墙面。挑选泰柚木饰面板时要注意：饰面板外观装饰性要好，材质应细致均匀、色泽清晰，木纹应美观，表面应没有疤痕。在施工安装中还要注意，配板与拼花时纹理应按一定规律排列，相邻板材木色应相近。

设计详解：同色调的沙发墙面可以乳胶漆与木饰面板两种不同的材质来体现层次感，造型简洁又能体现田园风格的自然感。

材料搭配
有色乳胶漆+泰柚木饰面板

无缝饰面板

PVC（聚氯乙烯）无缝饰面板色彩鲜艳，纹理造型丰富，具有良好的防水、耐潮性。无缝饰面板具有很好的整体感，能在视觉上给人连贯、完整的感觉，在现代风格家居中，经常使用PVC无缝饰面板做主题墙面的装饰，或者家具饰面板。

设计详解： 将整个电视墙面都采用无缝饰面板作为装饰，简洁大方，让整个墙面更加具有整体感。

材料搭配
无缝饰面板+装饰银镜

030

家装材料 全能速查 上

如何体现客厅墙面的层次感

在客厅中相对面积较大的面，如顶面、墙面、地面，应该使用最浅的色度；而同一种颜色较深的色度应用在面积相对较小的面上，如窗帘、主题墙等；最后把最深的色度用在局部点缀上，如靠垫、饰品等。这样，一个简约而又有层次的、丰富的客厅就大功告成了。

设计详解： 采光好的空间墙面可以选用大面积的木质材料作为装饰，既不会显得压抑，又能给室内增添温暖的感觉。

材料搭配
无缝饰面板+木纹大理石+装饰银镜

设计详解： 采用订制的整体家具作为小户型沙发墙面的装饰，既能起到收纳功能，又不失装饰效果。

材料搭配
无缝饰面板+装饰灰镜

洞石

洞石，学名为石灰华，是一种多孔的岩石。洞石属于陆相沉积岩，是一种碳酸钙的沉积物。其纹理特殊，多孔的表面极具特色。天然洞石清晰的纹理以及温和丰富的质感源自天然，却超越天然。成品疏密有致、凹凸和谐，采用洞石装饰墙面能够营造出很强的文化和历史韵味。此外，洞石具有良好的加工性、隔声性和隔热性，是优异的建筑装饰材料。洞石的质地细密，加工适应性高，硬度小，容易雕刻，适合作为雕刻用材和异形用材。

设计详解： 米黄色洞石与米黄色条纹壁纸在色彩上让客厅更加有整体感，同时更加突出了洞石的质感。

材料搭配
米黄色洞石+陶瓷马赛克+条纹壁纸

设计详解：两侧对称的白色木质造型墙面更加突出了咖啡色洞石的质感。

材料搭配
白枫木饰面板+咖啡色洞石

洞石在色系上除了米白色、咖啡色外，还有黄色、红色。每片洞石都能依设计切割尺寸，还可以根据纹路来进行拼贴，如对纹拼贴、不对纹拼贴或不规则拼贴等多种方法，营造出不同的装饰风格。

安娜米黄大理石

　　色泽艳丽、纹理自然是安娜米黄大理石最突出的特点。它以黄色为底色，表面带有金黄色不规则纹理，能够营造出温馨、浪漫、雅致的空间氛围，是传统风格家居中最常用的装饰石材。

设计详解：色泽温润的米黄大理石作为中式风格客厅电视墙的主要装饰材料，能够很好地展现出中式风格的特点。

材料搭配
米黄大理石+白枫木窗棂造型

设计详解：现代风格客厅中采用浅淡色的米黄大理石来装饰电视墙，整体设计自然贴切，又不失现代感。

材料搭配
米黄大理石

如何设计小户型客厅的电视墙

　　小户型客厅的面积有限,因此电视墙的体积不宜过大,颜色以深浅适宜的灰色为宜。在选材上,不适合使用那些太过毛糙或厚重的石材类材料,以免带来压抑感。可以用镜子装饰局部,从而带来扩大视觉空间的效果,但要注意镜子的面积不宜过大,否则容易给人造成眼花缭乱的感觉。另外,壁纸类材料往往可以带给小户型空间温馨、多变的视觉效果,深得人们的喜爱。

设计详解: 米黄大理石与黑金花大理石交替搭配,让客厅空间更加具有层次感与美感。

材料搭配
米黄大理石+黑金花大理石+雕花黑色烤漆玻璃

爵士白大理石

爵士白大理石具有色彩素雅、质感丰富、纹理独特等特点。其石质颗粒细腻均匀，材质富有光色，能够营造出简洁大方又不失高雅的空间氛围，是现代家具装饰中的理想材料，同时也是艺术雕刻的传统材料。

设计详解: 采用爵士白大理石与淡绿色的墙漆搭配，展示出田园风格清新自然的风格特点。

材料搭配
爵士白大理石+有色乳胶漆

设计详解: 白色大理石、黑色木质收边条再搭配雕花银镜，完美地展现出现代风格的选材与用色特点。

材料搭配
爵士白大理石+雕花银镜+黑胡桃木收边条

设计详解: 以白色作为客厅的主要配色,墙面使用带有黑色纹理的爵士白大理石作为装饰材料,既不会显得突兀,还能给客厅增添色彩层次感。

材料搭配
石膏板浮雕+圆角石膏装饰线+爵士白大理石

✎ 装修小课堂

如何设计大户型客厅的电视墙

　　大户型客厅中电视墙的立面装饰设计很重要。电视墙可以搭配银色壁纸与壁饰;可以用镂空的雕刻图案配以装饰玻璃,高贵中透着优雅的气质;可采用纯欧式的手法,设计壁炉,选用仿石材的瓷砖凸显欧式风格;可采用金色欧式主色调硬装,使客厅看起来明亮、大方,展现出开放、华贵的非凡气度。这些装饰设计将营造出雍容华美、低调奢华的生活空间。

中花白大理石

中花白大理石质地细密，纹理清雅、素白，以白底灰色波浪纹最为常见。常被用于室内墙面、台面等装饰使用。中花白大理石有天然大理石与人造大理石之分。天然中花白大理石硬度高、不易变形、耐磨性强；人造中花白大理石可以根据加工工艺来调节花色，有耐腐蚀、耐高温、易清洁的特点，但是由于在加工人造大理石时所应用的原材料不同，一些劣质石材中会含有大量的甲醛，有害人体健康。此外，相比天然大理石，人造大理石的硬度不高，容易出现划痕。

中花白大理石的分辨

在选购天然中花白大理石时，可以在石材背面滴上一滴墨水，观察墨水是否渗透，如果墨水出现渗透的现象，则说明是劣质石材。此外，正规的石材都会有相关的产品检测报告，我们可以通过查阅产品的检测报告来了解所要选购石材的相关信息。

在选购人造中花白大理石时，首先要仔细观察石材表面是否平整光滑，如果能够反射出人影，便说明是优质石材，接着观察石材的背面，查看是否有细小的气孔，优质的石材是没有气孔的；其次可以用指甲划一下石材的表面，如果没有明显的划痕便说明是优质石材；最后是查看该产品的物理性能检测报告，这也是最直接的辨别方法。

设计详解：两侧对称的木质窗棂造型搭配中花白大理石，在色彩与材质的搭配上完美地展现出新中式风格的韵味。

材料搭配
中花白大理石+黑胡桃木窗棂造型贴银镜

设计详解：大理石凹凸造型搭配装饰银镜，可以完美地展现出新欧式风格的精致与轻奢的美感。

材料搭配
车边银镜+中花白大理石

设计详解：素色的中花白大理石运用在新中式风格客厅中，更能体现中式风格配色与材料的装饰特点。

材料搭配
中花白大理石+黑胡桃木格栅

黑色烤漆玻璃

　　黑色烤漆玻璃具有极强的装饰效果，主要应用于墙面与顶面的装饰，并适用于任何场所的室内外使用。黑色烤漆玻璃是现代风格装修中比较常见的一种装饰材料，在进行顶面装饰时，更适于作为点缀装饰使用，与造型多变的石膏板、木质吊顶组合搭配，便可以塑造出一个视觉丰富的空间氛围；在装饰墙面时，如果想要大面积使用，也可以选择搭配其他颜色、质感的材料，从而降低大面积深色给空间带来的沉重感。

设计详解：黑色烤漆玻璃在白色调的空间中既能体现空间配色的层次感，又能突出材质的装饰特点。

材料搭配
黑色烤漆玻璃+艺术墙贴+纸面石膏板

设计详解： 电视墙使用黑色烤漆玻璃与人造大理石两种造型简单的材料作为搭配，简洁大方，完美地展现出现代风格的特点。

材料搭配
黑色烤漆玻璃+人造大理石

设计详解： 三种色彩不同的材质拼贴在电视墙上，丰富了色彩与设计的美感。

材料搭配
黑色烤漆玻璃+车边银镜+白色人造大理石

装修小课堂

如何让小客厅更显宽敞

1.色彩调节法。光线较暗的小客厅，应该在装饰色彩上下功夫，如墙面涂成淡色，并尽量使用一些白色或淡色的家具，可使光线得到明显改善，使居室显得宽敞些。

2.玻璃反射法。在客厅墙上装一整面的玻璃，通过玻璃的反射作用，可在视觉效果上扩大客厅。特别是狭长的客厅空间，在两侧装上玻璃，效果更好。

3.雅趣悦目法。小户型客厅更应该进行精心的布置，如挂一些小型的工艺品或字画，再配上几盆花草盆景，可增添一些雅趣，使人犹如置身于大自然之中。

文化石

　　天然文化石的材质坚硬、色泽鲜明、纹理丰富、风格各异，具有抗压、耐磨、耐火、耐寒、耐腐蚀、吸水率低等优点，因此耐用是天然文化石最突出的特点。但装饰效果受石材原纹理限制，除了方形石外，其他的施工较为困难，尤其是拼接时。

　　人造文化石是采用浮石、陶粒、硅钙等材料，经过专业加工精制而成的。是通过高新技术把天然形成的每种石材的纹理、色泽、质感，以人工的方法进行升级再现，极富原始、自然、古朴的韵味。优质文化石具有质地轻、色彩丰富、不霉、不燃、抗融冻性好、便于安装等特点。

设计详解： 采用大面积的文化石作为电视墙的主要装饰，很好地展现出传统美式风格的自然与粗犷。

材料搭配
文化石+白色乳胶漆+实木踢脚线

文化石的选购

质量好的文化石，其表面的纹路比较明显，色彩对比度高。如果模具使用时间过长，那么生产出来的文化石的纹路就会模糊。除此之外，还可以通过以下方式来检测文化石的质量。

1. 查：首先检查文化石产品有无质量体系认证证书、防伪标识及质检报告等。

2. 划：用指甲划板材表面，看有无明显划痕，判断其硬度如何。

3. 看：目视产品颜色是否清纯，表面有无类似塑料的胶质感，板材正面有无气孔。

4. 摸：手摸板材表面有无涩感、有无丝绸感、有无明显高低不平感，界面是否光洁。

5. 闻：鼻闻板材有无刺鼻的化学气味。

6. 碰：将相同的两块样品相互敲击，是否易破碎。

文化砖

文化砖是具有艺术性的砖。文化砖属于新型装饰砖，大部分砖面做了艺术仿真处理，不论是仿天然，还是仿古、仿洋，都具有极高的逼真性。文化砖在某种程度上已经成了可供人们欣赏的艺术品，多用于电视墙、沙发墙等的装饰。使用文化砖装饰内墙表面，可以省去墙面的粉刷工作，并体现出浓厚的文化韵味。

设计详解： 田园风格以白色、米色作为主要配色，再通过文化砖的质感来突出电视墙面的装饰感。

材料搭配
白色乳胶漆+PVC肌理壁纸+文化砖

设计详解： 仿壁炉造型的墙面以文化砖作为贴面，让整个田园风格的特点更加突出。

材料搭配
文化砖+白色乳胶漆+木质隔板+陶瓷马赛克

设计详解： 田园风格空间适合用文化砖来营造空间氛围，与白色家具搭配更显清新自然。

材料搭配
文化砖+印花壁纸

设计详解： 文化砖的古朴与自然能展现出美式风格自然淳朴的厚重感。

材料搭配
文化砖+白色乳胶漆+陶瓷马赛克+木质隔板

✐ 装修小课堂

客厅墙面常见问题的处理方法

1. 对于带涂料的旧有墙面基层起皮的处理方法：用钢丝刷刷掉起皮的涂料面层，再刷界面剂，重新进行涂料施工。

2. 对于带涂料的旧有墙面基层裂缝的处理方法：开V形槽，挂抗碱玻纤网格布，用水泥砂浆抹面，批刮柔性腻子，最后进行涂料施工。

3. 对于旧有墙面涂料基层空鼓的处理方法：用云石机切除空鼓的墙面，再用多遍薄水泥砂浆抹面，达到原有墙面的高度后刷界面剂，最后进行涂料施工。

纯纸印花壁纸

纯纸印花壁纸，顾名思义就是以纸为基材，印花后压花而成的墙纸。这种壁纸使用纯天然纸浆纤维，透气性好，并且吸水吸潮，是一种环保低碳的家装理想材料。纯纸壁纸的材质构成主要分为以下两种：

1.原生木浆纸。以原生木浆为原材料，经打浆成型，表面印花而成。其特点就是相对韧性比较好、表面光滑，原生木浆纸的重量比较重。

2.再生纸。以可回收物为原材料，经打浆、过滤、净化处理而成。再生纸的韧性相对比较弱，表面多为发泡或半发泡型。

设计详解： 色彩丰富的印花壁纸既丰富了沙发墙的设计感，又给整个客厅空间增添了自然与生趣。

材料搭配
纯纸印花壁纸+白枫木装饰线

设计详解：小户型客厅墙面不适合做太多繁琐的造型设计，可以通过变换壁纸的花纹及色彩来营造空间氛围。

材料搭配
纯纸印花壁纸+装饰灰镜

设计详解：白色柜式电视墙设计兼顾装饰效果与收纳功能，印花壁纸的加入则是整个墙面设计的点睛之笔，既能营造空间氛围，又丰富了色彩层次。

材料搭配
纯纸印花壁纸+白枫木隔板

装修小课堂

如何选择客厅壁纸

如果客厅较为空旷或者格局较为单一，则壁纸可以选择明亮的暖色调，搭配大花朵图案铺满客厅墙面。暖色可以起到拉近空间距离的作用，而大花朵图案的整墙铺贴，可以营造出花团锦簇的视觉效果。

对于面积较小的客厅，使用冷色调的壁纸会使空间看起来更大一些。此外，使用一些带有小碎花图案的亮色或者浅色的暖色调壁纸，也能达到这种效果。中间色系的壁纸加上点缀性的暖色调小碎花，通过图案的色彩对比，也会巧妙地吸引人们的视线，在不知不觉中从视觉上扩大了原本狭小的空间。

硅藻泥壁纸

硅藻泥壁纸是以硅藻泥为主要原材料的装饰材料, 选用无机颜料调色, 色彩柔和, 不易褪色, 同时具有消除甲醛、净化空气、调节湿度、释放负氧离子、防火阻燃、杀菌除臭等功能。因此, 硅藻泥壁纸不仅有良好的装饰性, 同时还具有十分强大的功能性。

设计详解: 电视墙设计成壁炉造型, 使用不同颜色的硅藻泥壁纸进行润色, 通过不同的材质与色彩营造出一个淳朴的乡村美式风格客厅。

材料搭配
彩色硅藻泥壁纸＋木质隔板＋彩色釉面砖

设计详解: 小面积的客厅电视墙面在不做任何装饰造型的情况下, 可以通过硅藻泥壁纸本身的材质特点, 来起到很好的装饰作用。

材料搭配
浅棕色硅藻泥壁纸

设计详解: 以淡绿色作为电视墙主要配色,再融入一些白色、米色元素来进行搭配,营造出一个清新自然的田园风格空间。

材料搭配
彩色硅藻泥壁纸+艺术墙贴+白色雪弗板雕花

硅藻泥的施工注意事项

硅藻泥在施工前应先进行基底处理,清洁后对基底涂刷二遍腻子;施工过程中避免强风直吹及阳光直接暴晒,以自然干燥为宜;硅藻泥属水溶性饰面材料,不能用于直接受水浸淋的地方;硅藻泥不宜在5℃以下环境施工。

设计详解: 用带有立体感的硅藻泥壁纸来装饰沙发墙,再搭配几幅黑白色调的风景画,完美地演绎出现代风格的简洁美。

材料搭配
彩色硅藻泥壁纸+装饰画

天然砂岩

　　砂岩是一种无光污染、无辐射的优质天然石材，对人体无放射性伤害。它防潮、防滑、吸音、吸光、无味、无辐射、冬暖夏凉、温馨典雅；与木材相比，不开裂、不变形、不腐烂、不褪色。安装施工方便，只要用螺丝就能把雕刻品固定在墙上，还能与木质装饰材料形成搭配，营造出更具有特色的主题墙面，相比传统石材的安装成本较低。

　　在材质装饰方面，砂岩是一种暖色调的装饰用材，素雅而温馨，协调而不失华贵；具有石材质地，木质的纹理。表面色彩丰富、贴近自然、古朴典雅，在众多的石材中独具一格而被人美谓"丽石"。

设计详解： 采用砂岩浮雕作为电视墙面的装饰材料，再搭配同色调的大理石，更能彰显出欧式风格的精致与品位。

材料搭配
砂岩浮雕+米黄大理石

设计详解： 中式风格设计中多会采用木质窗棂作为主要装饰手法，再搭配砂岩浮雕装饰，让整个客厅更具有古典中式的韵味。

材料搭配
砂岩浮雕+红樱桃木窗棂造型贴银镜

天然砂岩的安装

干挂法

1. 先在墙面上画线, 确定位置, 安装龙骨。

2. 用金属挂件将砂岩固定在龙骨上。

3. 用密封剂密封缝隙。

直接安装法

首先在墙面弹线放样; 然后使用胶黏剂, 用齿形抹刀在砂岩背面抹好胶, 在放好线的墙面上粘贴砂岩; 从上至下安装, 待完全干透后再用密封剂美化缝隙。

设计详解: 砂岩浮雕搭配手绘墙, 打造出一个具有中式古典韵味的电视墙面。

材料搭配
砂岩浮雕+手绘墙饰

我国是世界三大砂岩产地之一，有着极其丰硕的砂岩矿产资源，由于地域辽阔，地质环境复杂，砂岩的花色品种非常的多，其中以四川、云南和山东三个产地的砂岩知名度最高。

设计详解：砂岩是一种很有立体感的装饰材料之一，米黄色的砂岩搭配棕黄色的木质收边条，很好地演绎了新中式风格简洁又不失古朴的风格特点。

材料搭配
砂岩造型砖+木质收边条

四川砂岩

四川砂岩属于泥砂岩，材质较软，其颗粒细腻，质地较软，非常适合作为雕刻用石。四川砂岩的颜色极为丰富，有红色、绿色、灰色、白色、玄色、紫色、黄色、青色，等等。

设计详解：电视墙面两侧使用灰白色砂岩作为装饰，既展现了不同寻常的装饰品位，又在色彩与质感上给空间带来厚重感。

材料搭配
米白洞石+灰白色砂岩+黑胡桃木装饰线

云南砂岩

云南砂岩同四川砂岩一样同属泥砂岩，一样颗粒细腻，质地较软。但是因为形成的地质地域环境不同，云南砂岩相对四川砂岩而言，纹理会更漂亮，常见的有黄木纹砂岩、山水纹砂岩、红砂岩、黄砂岩、白砂岩和青砂岩。

设计详解：电视墙面采用大面积的米色砂岩板作为电视墙面的主要装饰材料，凹凸的立体感打造出一个颇具混搭风情的客厅空间。

**材料搭配
米色砂岩**

山东砂岩

山东砂岩属于海砂岩，结构颗粒比较粗，硬度比较高，但是比较脆。因为其硬度高，所以能进行几乎所有的表面加工。山东砂岩的颜色就相对较少，主要有红色、黄色、绿色、紫色、咖啡色、白色。但是山东砂岩基本都是带纹路的，就连所谓的白砂岩和紫砂岩也并非全是纯色，白砂岩带有暗纹，紫砂岩有白点。

设计详解：未经雕琢的砂岩与红樱桃木格栅相结合，无论在色彩的选择上，还是材质的搭配上，都完美地展现出中式风格特有的古朴与自然。

**材料搭配
米色砂岩+红樱桃木格栅**

仿岩涂料

　　仿岩涂料是一种水性环保涂料，表面有颗粒，类似天人石材，相比瓷砖和石砖，仿岩涂料更加经济实惠，能够营造出古朴、原始的自然风情。但是仿岩涂料的耐久性不高，经过3~5年便会脱落。仿岩涂料主要有厚浆型涂料、仿花岗岩涂料与撒哈拉系列涂料，由于涂料的成分不同，因此涂出的表面颗粒大小也不同。

设计详解：沙发墙面采用仿岩涂料作为墙面装饰，无论是色彩还是质感都透露出后现代风格的特点。

材料搭配
灰色仿岩涂料+装饰画

设计详解：现代风格装饰中大多以无彩色作为主要配色手段，客厅电视墙采用灰色仿岩涂料作为装饰，让整个墙面更加有质感。

材料搭配
灰色仿岩涂料+白枫木踢脚线

家装材料 全能速查 上

厚浆型涂料

厚浆型涂料的主要成分是亚克力树脂，也被称为仿岩石厚质涂料，适用于现代简约风格与混搭风格中。

仿花岗岩涂料

仿花岗岩涂料是以天然的花岗岩磨成粉末，经过高温加工，然后和亚克力树脂混合而成，稳定性更好，同时具有不易褪色的优点。

撒哈拉系列涂料

撒哈拉系列涂料的主要成分为矽利康，可以营造出沙漠般质感的墙面，涂料的材质细腻，品质很好，相比其他两种涂料更加耐用。

设计详解： 利用仿岩涂料的立体感搭配黑色银镜与木质装饰线条，打造出一个现代感十足的客厅电视墙。

材料搭配
白色仿岩涂料+装饰黑镜+黑色木质装饰线

设计详解： 电视墙面采用大面积的灰色仿岩涂料作为装饰材料，再搭配黑色烤漆玻璃，打造出一个颇具后现代风格的空间氛围。

材料搭配
灰色仿岩涂料+黑色烤漆玻璃

实木装饰立柱

　　无论主人的年龄大小，家居的风格古典抑或现代，都可以将木材天然的纹理融入立柱装饰中，其独特的纹理散发出一种典雅美，蕴含着古朴的天然气质，堪称室内精美的装饰品。实木材质可照顾到居者全方位的感官享受，触感舒适，给人以和谐之感。

设计详解： 采用棕黄色的实木立柱来装饰沙发墙，同时选用银镜与仿布纹砖作为搭配，不仅丰富了造型设计，还让空间配色不显沉闷。

材料搭配
胡桃木装饰立柱+装饰银镜+仿木纹砖

设计详解：中式风格中对于木质装饰立柱的应用十分常见，餐厅与客厅之间采用红樱桃木立柱作为间隔，可以很好地兼顾实用性与装饰性。

材料搭配
红樱桃木装饰立柱

✎ 装修小课堂

如何设计客厅沙发墙

　　设计客厅沙发墙，要着眼于整体。沙发墙对整个客厅的装饰及家具起衬托作用，装饰不能过多、过滥，应以简洁为好，色调要明亮一些。灯光布置多以局部照明来处理，并与该区域的顶面灯光协调考虑。灯具尤其是灯泡应尽量隐蔽，灯光照度要求不高，光线应避免直射人的脸部。背阴客厅的沙发墙忌用沉闷的色调，宜选用浅米黄色柔丝光面砖，也可采用浅蓝色调和一下，在不破坏整体氛围的情况下，能突破暖色的沉闷，较好地起到调节居室感受的作用。

客厅地面装饰材料

客厅地面造型速查

现代简约风格客厅地面造型

- 米黄色网纹玻化砖+藤蔓图案混纺地毯
- 深色强化复合木地板+几何图案混纺地毯
- 六角形金属砖拼贴
- 木纹地砖+山纹人造大理石

传统美式风格客厅地面造型

- 陶质木纹地砖+混纺地毯
- 米黄色人造大理石拼花+欧式花边地毯
- 棕黄色仿古砖拼花+欧式印花地毯
- 双色抛光砖斜拼+欧式花边地毯

清新田园风格客厅地面造型

- 淡网纹抛光砖
- 米黄色仿古砖拼花
- 人造大理石拼花+淡网纹抛光砖
- 仿动物皮毛地毯+无缝地板

古典中式风格客厅地面造型

• 竹木复合地板

• 半抛亚光地砖+双色大理石波打线

• 木纹地砖人字拼

• 无缝玻化砖+绯红色大理石波打线

奢华欧式风格客厅地面造型

• 人造大理石拼花+欧式花边地毯

• 双色人造大理石装饰拼贴+印花混纺地毯

• 欧式大理石拼花

• 白色抛光地砖+黑白根大理石波打线

浪漫地中海风格客厅地面造型

• 木地板人字拼+混纺地毯

• 全抛仿木纹地砖顺铺

• 仿古砖拼花

• 深色复合木地板+回字纹混纺地毯

简欧风格客厅地面造型

• 米黄网纹无缝玻化砖+仿斑马纹地毯

• 亚光无缝地砖+混纺地毯

• 白色亚光地砖+黑白根大理石波打线+纯毛地毯

• 灰白网纹无缝玻化砖+纯毛地毯

淡网纹抛光砖

　　抛光砖的色彩艳丽,没有明显的色差。淡网纹抛光砖大多以米色、白色为底色,表面带有黄色、浅灰色不规则纹理。整体色彩清丽淡雅,适用于现代、北欧、田园等崇尚简洁、自然的家居风格中。

设计详解: 以淡网纹玻化砖作为地面装饰材料,可以很好地与室内墙面、顶面及家具的颜色相协调,更加彰显欧式风格的精致美感。

材料搭配
淡米色网纹玻化砖+大理石踢脚线+欧式花纹混纺地毯

设计详解：色泽浅淡，纹理清晰的抛光砖与客厅的整体色调相融合，营造出一个很有温馨感的客厅空间。

材料搭配
浅米色网纹抛光砖＋仿动物皮纹地毯

设计详解：客厅地面的抛光砖具有一定的光洁度，搭配一张色彩斑斓的条纹地毯，给整个客厅增添了温暖的气息。

材料搭配
米白色网纹抛光砖＋艺术地毯

抛光砖的选购

1. 观色。选购抛光砖，要观察其表面是否光泽亮丽，有无划痕、色斑、漏抛、漏磨、缺边、缺脚等缺陷。把几块砖拼放在一起应没有明显色差，砖体表面无针孔、黑点、划痕等瑕疵。注意观察抛光砖的镜面效果是否强烈，越光的产品硬度越好，玻化程度越高，烧结度越好，而吸水率就越低。

2. 听音。用手轻敲砖体，仔细辨听声音是否清脆悦耳，有金属音质的，则砖体致密度高，烧结好；如声音粗犷沉闷，则砖体烧结度低，致密度不高；如敲击声音沙哑，此抛光砖属劣质产品，甚至砖体可能有裂纹。

3. 试水。以少量墨汁或带颜色的水溶液倒于砖面，静置两分钟，然后用水冲洗或用布擦拭，看残留痕迹是否明显，如只有少许残留痕迹，则砖体吸水率低，抗污性好，理化性能佳；如有明显或严重痕迹，则砖体玻化程度低，质量低劣。

4. 掂量。用手掂一下砖，感觉手感沉重与否，同样规格、同一厚度的砖，越重越好，因为越重的砖，致密度越高，越耐磨。

人造大理石

　　人造大理石是用天然大理石或花岗岩的碎石为填充料,用水泥、石膏和不饱和聚酯树脂为黏结剂,经搅拌成型、研磨和抛光后制成。人造大理石表面硬度高,不易损伤,有耐腐蚀、耐高温、易清洁等特点。除此之外,由于人造大理石的花色可以根据加工工艺进行调节,因此还具有花色繁多、柔韧度较好、衔接处理不明显、整体装饰感强等诸多优点。

设计详解: 采用淡色调的人造大理石搭配黑色装饰线来装饰地面,给面积较大的客厅空间增添了紧凑感与层次感。

材料搭配
米色网纹人造大理石+欧式花边混纺地毯

人造大理石的材质分类

水泥型

这种人造大理石是以各种水泥作为黏结剂,砂为细骨料,碎大理石、花岗石、工业废渣等为粗骨料,经配料、搅拌、成型、加压蒸养、磨光、抛光而制成,俗称水磨石,又称环氧地坪。

聚酯型

这种人造大理石是以不饱和聚酯为黏结剂,与石英砂、大理石、方解石粉等搅拌混合,浇铸成型,在固化剂作用下产生固化作用,经脱模、烘干、抛光等工序而制成。

复合型

这种人造大理石是以无机材料和有机高分子材料复合组成。用无机材料将填料黏结成型后,再将坯体浸渍于有机单体中,使其在一定条件下聚合。对板材而言,底层用低廉而性能稳定的无机材料,面层用聚酯和大理石粉制作。

烧结型

这种人造大理石是将长石、石英、辉石、方解石粉和赤铁矿粉及少量高岭土等混合,用泥浆法制备坯料,用半干压法成型,在窑炉中用1000℃左右的高温烧结而成。

设计详解: 沙发墙与地面选择同一款式的花纹作为装饰图案,让整个客厅空间更加有整体感。

材料搭配
人造大理石拼花+仿动物皮毛地毯

抛光石英砖

抛光石英砖是一种仿天然石材,主要由石英、陶土、高岭土、黏土等成分制成坯体,表面经过磨光或抛光处理。常见的抛光石英砖依制作工艺不同,可分为渗透抛光石英砖、多管抛光石英砖、微粉抛光石英砖、聚晶微粉抛光石英砖四种。抛光石英砖的表面光滑,质感好,色彩丰富,同时具有抗压强度高、耐用的特点。

设计详解:整个客厅地面选用棕黄色抛光石英砖作为装饰材料,无论是色彩还是质感都能很好地体现出传统美式风格的粗犷与厚重感。

材料搭配
棕黄色抛光石英砖+白枫木踢脚线

亚光玻化砖

亚光玻化砖是近几年出现的一个新品种，又称全瓷砖，使用优质高岭土强化高温烧制而成，质地为多晶材料，主要由无数微粒级的石英晶粒和莫来石晶粒构成网架结构，这些晶体和玻璃体都有很高的强度和硬度，其表面光洁而又无须抛光，因此不存在抛光气孔的污染问题。

设计详解：采光好的小户型客厅，更适合选用浅色的亚光玻化砖作为地面装饰材料，相比亮面砖来讲，亚光砖更能给室内空间增添暖意。

材料搭配
米色亚光玻化砖+大理石波打线

人造板岩砖

　　人造板岩砖又称仿岩砖或仿石砖，是将瓷砖或是石英砖通过加工工艺仿造出岩板纹理而制成的。一般常见的是陶瓷板岩砖及石英板岩砖。目前市面上的板岩砖，大部分皆以石英砖的材质制作，耐用度和硬度较好。其坯底扎实、密度高、耐磨度高、吸水率低，不仅可用于室内，也可用于室外。

家装材料 全能速查 上

/ 装修小课堂

如何确定客厅地砖的规格

　　1.依据客厅大小来挑选地砖。如果客厅的面积较小，就尽量用规格小一些的地砖。

　　2.考虑家具所占用的空间。如果客厅被家具遮挡的地方多，应考虑用规格小一点的地砖。

　　3.考虑客厅的长与宽。就效果而言，以地砖能全部整片铺贴为好，就是指到边尽量不裁砖或少裁砖，尽量减少浪费。一般而言，地砖规格越大，浪费也越多。

陶瓷板岩砖

其材质为瓷制瓷砖，表面仿造岩石面烧制。陶瓷板岩砖的花色繁多，颜色分布比天然板岩更加均匀。通过加工工艺的提升，表面硬度得到了很大的提升，不易破碎。

石英板岩砖

石英板岩砖的颜色比较深，颜料渗透均匀，它的硬度相比陶瓷板岩砖更强，耐磨损性更高，也更容易清洗。

设计详解： 石英板岩砖可以烘托出客厅空间内的后现代氛围；与一些大地色系的元素相搭配，可让整个客厅显得更加简洁舒适。

材料搭配
灰色石英板岩砖+纯毛地毯

竹木复合地板

竹木复合地板是采用竹材与木材复合再生产物。它的面板和底板，采用的是上好的竹材，而其芯层多为杉木、樟木等木材。竹木复合地板的色泽自然清新，表面纹理细腻流畅，具有防潮、防腐、防蚀以及韧性强、有弹性的特点。由于竹木复合地板芯材采用了木材做原料，故其稳定性极佳，结实耐用，脚感好，格调协调，隔音性能好。从健康角度而言，竹木复合地板尤其适合有老人与小孩的家庭装修使用。

设计详解： 竹木复合地板的色调十分温和，很好地提升了空间的舒适感，同时还有效地缓解了电视墙大面积的黑色所带来的沉闷感。

材料搭配
竹木复合地板+纯毛花纹地毯

设计详解：客厅以白色作为背景色，再搭配深灰色的家具，让整个空间都展现出现代风格的简洁与素净，暖色调竹木复合地板的加入给整个空间增添了一丝暖意。

材料搭配
原色竹木复合地板

竹木复合地板的选购

在选购竹木复合地板时，要仔细观察地板的表面，漆上有无气泡，色泽是否清新亮丽，竹节是否太黑，表面有无胶线；然后再看四周有无裂缝，有无批灰痕迹，是否干净整洁；再就是看背面有无竹青竹黄剩余，是否干净整洁。

实木复合地板

实木复合地板兼具了强化地板的稳定性与实木地板的美观性，而且具有环保、防腐、防潮、抗菌等优点。实木复合地板可分为三层实木复合地板和多层实木复合地板，两者均是将不同材种的实木单板或拼板依照纵横交错叠拼组坯，用环保胶粘贴，并在高温下压制成板，产品稳定性佳。

设计详解： 深色调的地板为大面积的浅色空间增添了几分沉稳的感觉。

材料搭配
实木复合地板+印花混纺地毯

设计详解： 大量的浅色作为空间的背景色，营造出一个十分清新的空间氛围。地面装饰材料选择深色的实木复合地板，则给整个客厅带来了厚重感。

材料搭配
石膏板浮雕+圆角石膏装饰线+实木复合地板

木地板的颜色选择

地板颜色的确定应根据家庭装饰面积的大小、家具颜色、整体装饰格调等而定。

1. 面积大或采光好的房间，用深色实木复合地板会使房间显得紧凑；面积小的房间，用浅色实木复合地板给人以开阔感，使房间显得明亮。

2. 根据装饰场所功用的不同，选择不同色泽的地板。例如客厅宜用浅色、柔和的色彩，以营造明朗的氛围；卧室可应用暖色调地板。

3. 家具颜色深的可用中色地板进行调和；家具颜色浅的可选一些暖色地板。

淡纹理亚光砖

亚光砖色彩柔和，遇强光不会产生折射，因此，对人的视力有一定的保护作用。淡纹理的亚光砖多被用于北欧、混搭、地中海、田园等崇尚自然、强调舒适的风格空间中。

设计详解： 面积较小的客厅地面适合选择淡色调纹理的地砖作为地面装饰，这样可以使整个空间在视觉上更加开阔。此外，为了提升空间色彩层次，可以适当地点缀一些明亮的颜色。

材料搭配
淡米色网纹亚光砖

装修小课堂

如何验收地砖的铺装质量

验收地砖、石材的铺装质量，应注意以下几点：地面石材、地砖铺装必须牢固；铺装表面应平整、洁净，色泽协调，无明显色差；接缝应平直，宽窄均匀；石材无缺棱掉角现象；非标准规格板材铺装的铺设位置、流水坡方向要正确；拉线检查误差应小于2毫米，用2米靠尺检查平整度误差要小于1毫米。

02

玄关走廊

玄关走廊的设计要点

玄关是客人进入大门后第一眼看到的地方，反映出主人的精神面貌和品位修养，玄关处如果堆放了太多的杂物，会给人一种邋遢、缺乏收拾的感觉，影响主人在来宾眼中的印象。玄关处还要讲究明亮，在采光上应予以重视。玄关处如果昏暗不明的

话，会使人产生压抑的感觉，严重影响人的精神风貌。由于玄关的特殊位置，往往处于大门到客厅的过渡空间，可能并不能保证充足的自然采光，可以通过灯光的搭配来补足。玄关的大小设计也十分重要，应与住宅的面积相协调。大小适中的玄关，可以与室内其他空间的设置相搭配，不至于使某一部分过分突兀。一般说来，玄关以高度2米、面积3~5平方米为宜，过高过大不利于气场的聚集，过矮过小则会使人产生压迫感，均无法达到好的效果。因此玄关的设置一定要大小适中。

走廊应依据空间水平方向的组织方式，形式上大致分为一字型、L型、双边型和S型。不同的走廊形式在空间中起着不同的作用，也产生了不同的性格特点。一字型走廊如处理不当，则会产生单调和沉闷感。L型走廊迂回、含蓄、富于变化，往往可以加强空间的私密性，它既可以把性质不同的空间相连，使动静区域之间的独立性得以保持，又可以联系不同的公共空间，使室内空间的组成在方向上产生突变，视觉上有柳暗花明、豁然开朗的感觉。S型走廊变化多样、较为通透，处理得当的话，能有效地打破走道的沉闷、封闭感。走廊的大小取决于住宅的面积，从活动上来看，来回走动较多的走廊，可能运送物品的走廊，以及门扇往走廊方向开的走廊，都要相对加宽，一般以1.2~1.5米为好。

玄关走廊顶面装饰材料

玄关走廊顶面造型速查

现代简约风格玄关走廊顶面造型

- 平面石膏板+嵌入式装饰黑镜
- 平面石膏板+炭化木板
- 回字形错层石膏板+黑色烤漆玻璃+黑色实木装饰线
- 弧形错层石膏板+灯带

传统美式风格玄关走廊顶面造型

- 圆拱形实木装饰横梁
- 圆拱形石膏板+白枫木装饰线+金箔壁纸
- 石膏梁式吊顶+纸面饰面板
- 石膏板凹凸造型+炭化木板

清新田园风格玄关走廊顶面造型

- 圆角方形错层石膏板+灯带
- 圆拱形松木扣板吊顶+圆拱形石膏装饰横梁
- 实木横梁菱形造型+纸面石膏板
- 白松木板+嵌入式茶镜

古典中式风格玄关走廊顶面造型

- 平面石膏板+黄松木扣板+木质灯槽
- 椭圆形错层石膏板吊顶+实木装饰线+灯带
- 实木雕花横梁+平面石膏板
- 长方形错层石膏板+嵌入式茶镜+灯槽

奢华欧式风格玄关走廊顶面造型

- 长方形错层石膏板+金箔壁纸+灯带
- 圆弧形错层石膏板+金箔壁纸+石膏板装饰线
- 菱形跌级石膏板+灯带
- 扇形错层石膏板+灯带+错层石膏装饰线

浪漫地中海风格玄关走廊顶面造型

- 圆拱形石膏板造型+手绘图案+长方形错层石膏板
- 花瓣形跌级石膏板吊顶+灯带
- 长方形错层石膏板+错层石膏板装饰线
- 圆角长方形错层石膏板+炭化木板混油

简欧风格玄关走廊顶面造型

- 长方形错层石膏板+石膏板窗棂造型灯槽
- 石膏板雕花镂空造型+实木装饰线
- 平面石膏板+嵌入式茶镜
- 弧形错层石膏板+灯带

白松木扣板吊顶

松木扣板具有质地轻便、结实耐用的特点。白色松木扣板适用于面积较小、风格自然的空间，它可以营造出一个简单、明亮、自由的空间氛围。

设计详解：将白松木扣板做出拓缝造型，再搭配错层石膏板，使整个玄关处的顶面设计更加有层次感。

材料搭配
纸面石膏板+白色乳胶漆+白松木扣板

圆拱形石膏吊顶

带有圆拱形设计的吊顶是传统欧式风格与传统美式风格中最情有独钟的吊顶造型。圆拱形的设计能给人带来更强烈的线条美感。圆拱形石膏吊顶对空间的层高要求比较高，在狭长的走廊空间运用圆拱形吊顶，可以有效地缓解空间的狭长感；还可以运用一些经典造型的风格灯饰与装饰画进行搭配，营造出一个富有古典风情的空间氛围。

设计详解：圆拱形的顶面设计很有效地缓解了走廊的狭长感，暖色调的灯带营造出一个更加温馨浪漫的空间氛围。

材料搭配
纸面石膏板+白色乳胶漆+壁纸+灯带

设计详解： 圆拱形的顶面设计搭配彩色釉面墙砖，完美地通过色彩与造型打造出一个充满异域风情的地中海风格空间。

材料搭配
有色乳胶漆+彩色釉面墙砖

装修小课堂

玄关走廊的顶面色彩设计

　　玄关走廊处的顶面颜色应以浅色为宜。这是因为，在传统的观念中，天为轻清者，地为重浊者，处于上面的就应该颜色明亮浅淡一些，处在下面的就应该颜色深重厚实一些，这才符合上轻下重的天道。并且顶面颜色浅一点，有利于空间的采光，同时，上轻下重给人舒适的感觉，使家庭和睦，长幼有序，家宅安定。如果空间的顶面较深，或者比地板的颜色深的话，头重脚轻，则会产生相反的影响，有失和谐之道。因此，玄关走廊处的顶面最好选用浅色调的，且要与地板较深的颜色相协调。

实木回字形吊顶

回字形吊顶的造型简洁大方, 按照造型分类, 可分为正方形回字形与长方形回字形两种。正方形回字形吊顶适用于相对方正的空间, 而狭长型空间, 如走廊, 则适用于长方形回字形吊顶。实木回字形吊顶能够营造出一个古朴、雅致的空间氛围, 在传统风格家装风格中比较常见。

设计详解: 回字形的顶面设计采用纸面石膏板与棕红色实木作为装饰材料, 很好地突出了顶面的层次变化。

材料搭配
纸面石膏板+白色乳胶漆+实木装饰线

设计详解：将回字形造型水平排列在走廊顶面，可以更加有效地缓解走廊的狭长感。再融入暖色调的灯带，让整个空间氛围更加温馨。

材料搭配
纸面石膏板+暖色灯带+实木装饰线

设计详解：回字形是中式风格顶面最常见的装饰手法。玄关处采用长方形实木回字形作为装饰，让顶面的设计造型更加有层次感。

材料搭配
石膏板浮雕+圆角石膏装饰线+白色乳胶漆

炭化木扣板吊顶

炭化木扣板是将板材经过高温炭化，降低板材的含水量，使其质地更加轻便。炭化木扣板的色彩华贵，内外颜色均匀一致，炭化木扣板的颜色是物理上色，色彩不会随时间的延长而改变，装饰效果始终如一。除此之外，炭化木扣板还具有防腐、防虫、耐潮、不易变形等特点。

设计详解：玄关顶面采用原木色的炭化木扣板作为装饰材料，再选用深色调的实木作为装饰线，让无造型顶面在色彩上更加有层次感。

材料搭配
石膏板浮雕＋圆角石膏装饰线＋炭化木扣板

设计详解： 玄关面积适中的情况下，可以选择颜色相对深一点的顶面材料作为装饰，棕黄色的炭化木扣板吊顶让淡色调的玄关空间更有美式风格的厚重感。

材料搭配
石膏板浮雕＋圆角石膏装饰线＋炭化木扣板

装修小课堂

顶面造型设计宜忌

在进行顶面装修设计时，采用曲线与直线的呼应，穹拱及异形的设计，石膏板、壁纸、镜面等材质的混搭等大胆的尝试，可给家居带来清新的风格。但需要注意的是，顶棚有统领居室风格的作用，所以无论怎样设计，都要与整体风格保持一致，还要考虑到房间本身的层高、面积、房型，否则容易造成夸张混乱之感。

黑镜装饰线

黑色烤漆玻璃装饰线与黑色镜面装饰线统称为黑镜装饰线。黑镜装饰线本身色彩沉稳，大多情况下会与白色石膏板吊顶相搭配使用，其嵌入式的设计施工方式，对顶面的层高要求不高，同时相比实木装饰线与石膏装饰线更能提升空间的层次感。

设计详解：大面积的白色吊顶嵌入黑镜装饰线，让整个顶面在色彩与材质上都更加有层次感。

材料搭配
纸面石膏板+黑镜装饰线

设计详解：在层高不高的室内空间可以选择使用嵌入式黑镜装饰线来作造型装饰，既不会暴露户型缺陷，又能让顶面设计更加丰富。

材料搭配
纸面石膏板+黑镜装饰线

设计详解: 将整个室内的顶面使用错层石膏板进行装饰,再搭配嵌入式的黑镜装饰线,既能达到空间区域划分的作用,又能让整个顶面更加有层次感。

材料搭配
纸面石膏板+白色乳胶漆+黑镜装饰线

设计详解: 狭长的走廊空间可以选择不同造型的黑镜装饰线作为顶面的装饰,既能缓解走廊的过度狭长感,又能丰富顶面的造型。

材料搭配
纸面石膏板+黑镜装饰线

装修小课堂

如何设计玄关处的灯光

通常情况下,玄关处的采光都不是很理想,必须通过合理的灯光设计来烘托玄关明朗、温暖的氛围。一般在玄关处可配置较大的吊灯或吸顶灯做主灯,再添置些射灯、壁灯、荧光灯等作辅助光源,还可以运用一些光线朝上射的小型地灯作点缀。如果不喜欢暖色调的温馨,还可以运用冷色调的光源传达冬意的沉静。

实木窗棂装饰吊顶

　　实木窗棂造型展现了中国传统的造型艺术，玲珑剔透，立体感较强，同时也体现了中国古代木雕艺术的精髓，展现了中国文化艺术的深刻内涵。此外，实木窗棂造型还常常被用来与白色石膏板一起搭配，将传统艺术与现代装饰融为一体，形成独具美感的混搭风格，更能展现出主人的个性品位。

设计详解： 窗棂造型是中式风格中最常用的装饰手法，将实木窗棂涂刷成白色，再搭配棕红色的实木收边线，可以让整个顶面的造型与色彩更加丰富。

材料搭配
实木窗棂造型刷白+纸面石膏板+红樱桃木装饰线

设计详解： 以实木窗棂造型来装饰玄关处的顶面，能够很好地展现出中式传统文化的内涵与底蕴。

材料搭配
胡桃木窗棂造型+纸面石膏板

实木窗棂造型的色彩选择

　　实木窗棂造型是将木材经过雕刻或拼贴等工艺手法制作而成，表面保留木材本身的色泽与纹理。颜色及纹理可以根据实木的材料进行选择，如黑胡桃木、黄松木、红松木、白桦木、红樱桃木、紫檀木等。在选择时，还需根据顶面的设计造型与颜色、家具的材质与颜色来进行搭配。

设计详解： 嵌入石膏板内部的胡桃木装饰窗棂，使整个顶面产生镂空的效果，搭配米色灯光，营造出一份中式风格特有的韵味与情调。

材料搭配
石膏板浮雕+圆角石膏装饰线+
胡桃木装饰窗棂

玄关走廊墙面装饰材料

玄关走廊墙面造型速查

现代简约风格玄关走廊墙面造型

• 手绘图案+白色乳胶漆

• 木工板凹凸造型+白色乳胶漆+条纹壁纸

• 钢化玻璃间隔墙

• 轻玻璃间隔+黑色金属边框

传统美式风格玄关走廊墙面造型

• 拱门凹凸造型+手绘图案+硅藻泥壁纸

• 艺术玻璃拱门造型+实木雕花+白色乳胶漆

• 红砖造型墙

• 文化石拱门造型+实木装饰线+有色乳胶漆

清新田园风格玄关走廊墙面造型

   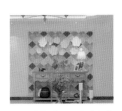

• 陶瓷马赛克拼花+白枫木装饰线

• 风化板造型照片墙+黑色金属收边条

• 条纹壁纸+彩色乳胶漆+白枫木装饰线

• 实木装饰线凹凸造型+彩色釉面墙砖拼贴+乳胶漆

古典中式风格玄关走廊墙面造型

- 木工板凹凸造型+红樱桃木饰面板+木纹大理石+不锈钢收边条
- 实木雕花造型板+肌理壁纸
- 订制成品实木玄关柜+纯纸印花壁纸
- 实木造型间隔+有色乳胶漆

奢华欧式风格玄关走廊墙面造型

- 纯纸印花壁纸+成品铁艺隔断+白枫木装饰线
- 木工板凹凸造型+车边银镜+壁纸+大理石拱门造型
- 木工板凹凸造型+皮革软包+白枫木装饰线
- 雕花茶镜+白枫木装饰线

浪漫地中海风格玄关走廊墙面造型

- 拱门造型+白枫木格栅+彩色乳胶漆
- 雾面雕花磨砂玻璃+彩色乳胶漆+白枫木装饰线
- 拱门造型+彩色乳胶漆+陶瓷马赛克+木质格栅间隔门混油
- 白松木护墙板+彩色乳胶漆

简欧风格玄关走廊墙面造型

- 彩绘玻璃+白枫木边框
- 白枫木窗棂造型间隔墙
- 木工板凹凸造型+车边银镜+大理石收边条
- 成品铁艺间隔+成品实木玄关柜

木质花格

　　木质花格是利用木材本身的特点进行镂空雕刻花格、格栅等造型，形成千变万化的图案纹样，可对背景墙面、装饰吊顶、隔断、玄关等部位进行装饰。依据不同的要求可进行刷白处理来协调空间的色调。

设计详解：以胡桃木花格以及玄关柜作为软玄关的隔间装饰，既照顾了玄关处的采光，又能让空间得到良好的划分。

材料搭配
胡桃木花格

设计详解：镂空的藤蔓造型花格与厚重的实木玄关收纳柜相结合，上轻下重，又不失稳重感。

材料搭配
红樱桃木花格

家装材料 全能速查 上

设计详解: 精美的木质红花格与红樱桃木家具融为一体,既增强了空间设计的整体感,又展现出中国传统文化的韵味。

材料搭配
红樱桃木花格+印花壁纸

设计详解: 白色木质花格与玄关及整个居室的配色十分协调,既能起到装饰效果,又能给整个空间增添一些清新自然的田园气息。

材料搭配
白枫木花格+白枫木饰面板+有色乳胶漆

铁艺隔断

　　铁艺隔断大多数是以铸铁作为隔断的材质，再做出一些艺术效果，如几何图形、花形、格栅之类的图案。铁艺隔断根据造型可分为中式铁艺隔断、古典欧式铁艺隔断、美式铁艺隔断等。其中中式铁艺隔断与美式铁艺隔断多采用铸铁本身的颜色，不多加修饰，以求展现出自然、古朴的装饰效果。只有古典欧式风格铁艺隔断会有描金、描银等色彩修饰，如此来营造出古典欧式风格的奢华感。

设计详解：描金的铁艺隔断让整个玄关增添了几分奢华的气息，同时在色彩上也打破了大量的棕红色所带来的厚重感，让这个空间的配色更加有层次。

材料搭配
有色乳胶漆＋成品铁艺隔断＋红樱桃木饰面板

设计详解：用铁艺隔断作为玄关与休闲区的隔间装饰，保证采光的同时，更能完美地展现出欧式风格的美感。

材料搭配
彩色硅藻泥壁纸＋成品铁艺隔断

设计详解: 将玄关隔墙设计成弧形门的造型,再搭配黑色的铁艺隔断作为装饰,丰富玄关色彩与造型的同时还能带来一定的采光。

材料搭配
铁艺隔断+有色乳胶漆

设计详解: 精美的铁艺隔断造型成为软玄关的间隔,再搭配带有描金装饰把手的玄关柜,体现出欧式风格的精致品位。

材料搭配
铁艺隔断+白枫木玄关柜

个性瓷片

个性瓷片是瓷砖的一种，尺寸以及花纹具有较强的个性，多为订制生产，表面有立体感，价格通常比较贵，常用于室内空间的主题墙装饰。可以根据室内的风格选择具体的颜色和图样，突出空间装饰效果的个性化。

设计详解： 玄关的墙面采用订制的瓷片作为墙面装饰，丰富造型的同时又能很好地展现主人的个性品位。

材料搭配
个性瓷片+装饰灰镜+白枫木装饰线+人造大理石

因个性瓷片的价格比较贵，若想取得个性的效果但又没有太多的预算，可以局部使用。采用与普通砖结合的方式铺贴，通过对比，更能够彰显出个性瓷片的独特，起到进一步美化空间的装饰作用。

设计详解：色彩斑斓的订制瓷片搭配北欧风格特有的鹿头装饰物，让整个素雅自然的北欧风格空间在色彩上更加有层次感。

材料搭配
订制个性瓷片+白枫木饰面板

设计详解：采用个性瓷片拼贴出一幅色彩鲜艳的装饰壁画，成为整个玄关设计的点睛之笔，很自然地成为空间视觉中心。

材料搭配
米色人造大理石+订制个性瓷片

装修小课堂

玄关的墙面应怎样设计

　　玄关因为面积不大，墙面进门便可见，与人的视觉距离比较近，一般都作为背景来打造。墙壁的颜色要注意与玄关的颜色相协调，玄关的墙壁间隔无论是木板、墙砖或石材，在颜色设计上一般都遵循上浅下深的原则。玄关的墙壁颜色也要跟间隔相搭配，不能在浅的地方采用深的颜色，在深的地方用浅的颜色，要在色调上相一致，并且也要与间隔的颜色一样有一定的过渡。

彩绘玻璃

　　彩绘玻璃是将玻璃烧熔后，加入各种颜色，在模具中冷却成型制成的。此种玻璃的面积都很小，价格较贵。其色彩鲜艳，装饰效果强，有别具一格的造型、丰富亮丽的图案、灵活多变的纹路，抑或展现古老的东方韵味，抑或流露西方的浪漫情怀。可以根据需求订制图案，做成拉门、屏风，也可镶嵌于门板、桌面或墙面中。

设计详解: 彩绘玻璃具有玻璃的通透感，又有普通玻璃达不到的装饰效果，用它来作为软玄关的隔间可以让整个空间的色彩更加浓郁。

材料搭配
彩绘玻璃隔断+不锈钢收边条

设计详解: 彩绘玻璃与玄关柜融为一体，形成一道独具特色的玄关间隔墙，既能划分空间，又具有收纳功能，同时还不失装饰的美感，真正做到实用性与装饰性并存。

材料搭配
木质格栅混油+钢化彩绘玻璃

设计详解：以蓝色调为主的彩绘玻璃作为玄关的间隔，突出了地中海风格的传统配色特点，营造出一个自由浪漫的空间氛围。

材料搭配
彩绘玻璃+白枫木饰面板

设计详解：玄关处采用磨砂彩绘玻璃作为间隔装饰，既能分割空间，又能展现出主人的高贵品位。

材料搭配
中式彩绘玻璃+红樱桃木饰面板
+有色乳胶漆

雪弗板雕花

　　雪弗板又称PVC发泡板，以PVC为主要原料，加入发泡剂、阻燃剂、抗老化剂，采用专用设备挤压成型。雪弗板的可塑性很强，可与木材相媲美，且可锯、可刨、可钉、可雕，还具有不变形、不开裂、不需刷漆等特点。雪弗板常见的颜色为白色和黑色。一般家庭装修中，多会采用雪弗板雕花造型来装饰墙面或隔断。

设计详解：现代风格玄关中采用白色雪弗板雕花隔断作为软玄关的间隔，起到了丰富空间造型的作用。

材料搭配
白色雪弗板雕花+有色乳胶漆

设计详解：白色雪弗板雕花造型丰富了整个玄关处的设计感，让单调的空间配色更加有层次感。

材料搭配
有色乳胶漆+雪弗板雕花

设计详解：欧式风格的走廊空间墙面采用白色雪弗板雕花作为装饰，搭配带有传统欧式装饰线条的装饰元素，让整个空间彰显出欧式风格的精致与华丽。

材料搭配
罗马柱+白色雪弗板雕花

装修小课堂

玄关的常见设计方法

低柜隔断式：以低型矮台或低柜式成型家具的形式来做隔断，这样既可以用来储存物品又可以节约空间。

玻璃通透式：以大屏的玻璃作装饰隔断或在夹板贴面旁嵌饰车边玻璃、喷砂玻璃、压花玻璃等材料，既可分隔大空间又保持大空间的完整性。

半敞半隐式：以隔断下部为完全遮蔽式设计，隔断的两侧隐蔽无法通透，上端敞开，可贯通彼此相连的天花板棚。

柜架式：半柜半架式，柜架的形式可以上部为通透格架作装饰，下部为柜体；或以左右对称形式设置柜件。

玻璃砖

玻璃砖是使用透明玻璃料或颜色玻璃料压制成形的体形较大的玻璃制品，具有透光、隔热、隔音、防火等特点。在多数情况下，玻璃砖并不被作为饰面材料使用，而是作为结构材料用于墙体，或作为屏风、隔断等。

设计详解： 使用彩色玻璃砖作为玄关间隔的主要装饰材料，通透并具有良好的装饰效果，很符合现代风格的装饰特点。

材料搭配
彩色玻璃砖+白色乳胶漆

设计详解： 具有现代风格特点的玻璃砖与古朴的实木装饰立柱相结合，无论是在材质或色彩上都能让整个玄关区域充满了混搭的韵味。

材料搭配
玻璃砖+黑胡桃木装饰立柱

磨砂玻璃砖

　　磨砂玻璃砖又称雾面玻璃砖，玻璃砖的两面都经过喷砂处理，品相较佳，相比普通的玻璃砖装饰效果更佳，同时还可以根据需求进行色彩与花纹的改变。

设计详解： 以玻璃砖作为玄关与客厅之间的间隔，充分利用玻璃砖的通透感来打造一个实用性与装饰性并存的间隔墙。

材料搭配
玻璃砖+白色实木装饰立柱

玻璃马赛克

玻璃马赛克又叫做玻璃锦砖或玻璃纸皮砖，是用高白度的平板玻璃，经过高温再加工，熔制成色彩艳丽的各种款式和规格的马赛克。玻璃马赛克由天然矿物质和琉璃粉制成，是最安全的建材，是十分环保的装饰材料。它耐酸碱，耐腐蚀，不褪色，是最适合装饰卫浴房间墙面、地面的建材。玻璃马赛克的组合变化非常多，具象的图案，同色系深浅跳跃或过渡，或为瓷砖等其他装饰材料作纹样点缀等。

设计详解：玄关墙面采用玻璃马赛克来装饰，不用过于繁复的造型设计，便能通过材质本身的特点达到一定的装饰效果，再搭配金箔壁纸，更能展现出欧式风格的奢华美。

材料搭配
玻璃马赛克+木质收边线+金箔壁纸

设计详解：用玻璃马赛克拼贴出中式万字纹，再搭配一些欧式装饰元素，中西结合营造出一个独具韵味的混搭风格空间。

材料搭配
玻璃马赛克拼花+大理石装饰线

设计详解：银色的玻璃马赛克，晶莹剔透丰富了玄关的色彩变化，使整个玄关的设计更加协调，展现出简欧风格的轻奢美感。

材料搭配
印花壁纸+玻璃马赛克+木装饰线描银

玻璃马赛克施工注意事项

玻璃马赛克在施工前应确定施工面平整且干净，打上基准线后，再将马赛克中性黏合剂平均涂抹于施工面上。同时要确保每块之间应留有适当的空隙。可以每贴完一块即以木条将马赛克压平，确定每处均压实且与黏合剂间充分结合。待黏合剂完全干透后，便可进行撕纸。最后用工具将马赛克水晶填缝剂或原打底黏合剂、白水泥等充分填满缝隙中。

手绘墙

　　手绘墙饰就是在室内的墙壁上进行彩色的涂鸦和创作，具有任意性和观赏性，能够充分体现作者的创意，非常适合DIY（自己动手制作）。手绘墙饰除了可在新涂刷的墙面上做装饰外，还可用来掩盖旧墙面上不可去除的污渍，给墙面以新的面貌。可以自己绘制，也可请专业的设计师来绘制。

设计详解： 传统的中式风格配色多以米色加黑色或白色作为配色，玄关墙面的手绘图案则成了玄关走廊处的点睛之笔，它给传统的中式风格增添了自然的生趣。

材料搭配
有色乳胶漆+手绘墙饰

设计详解: 用一幅具有欧洲古典韵味的手绘墙画来装饰走廊的中景墙面,再搭配带有描金装饰的立柱与家具,完美地展现出欧式古典文化的韵味。

材料搭配
手绘墙饰+陶瓷马赛克拼花

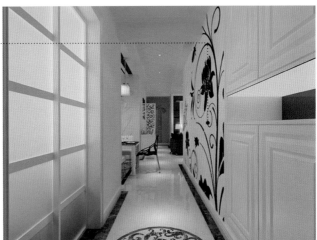

设计详解: 现代风格中以黑白色作为空间的主要配色,很能展现出其简约明快的风格特点,同时还可以根据手绘图案的变化来丰富空间的造型。

材料搭配
白色乳胶漆+手绘墙饰

设计详解: 色彩浓郁的手绘墙图案丰富了整个空间的配色层次,搭配现代感十足的不锈钢元素,形成了一个美轮美奂的混搭风格空间。

材料搭配
手绘墙饰+不锈钢条

玄关走廊地面装饰材料

玄关走廊地面造型速查

现代简约风格玄关走廊地面造型

- 木纹抛光地砖顺铺+黑白根大理石波打线
- 淡网纹玻化砖+深啡网纹大理石波打线
- 米白色无纹理玻化砖+深啡网纹大理石波打线
- 深浅色木地板拼贴

传统美式风格玄关走廊地面造型

- 亚光木纹地砖+深啡网纹大理石
- 双色仿古砖
- 红橡木复合地板
- 半抛木纹地砖顺铺+实木踢脚线

清新田园风格玄关走廊地面造型

- 仿古砖拼花+人造石踢脚线
- 竹木复合地板+陶瓷马赛克波打线
- 米黄色半抛地砖+陶瓷马赛克波打线
- 双色网纹玻化砖拼贴+深啡网纹大理石波打线

古典中式风格玄关走廊地面造型

• 深啡网纹大理石万字格造型装饰线

• 双色陶瓷马赛克拼花

• 米黄色网纹全抛釉地砖+米白色无纹理全抛釉地砖

• 大理石拼花

奢华欧式风格玄关走廊地面造型

• 深啡网纹大理石波打线+大理石拼花

• 深棕色亚光地砖+米黄色网纹亚光地砖

• 米色网纹抛光地砖+艺术地砖波打线

• 深色全抛釉地砖

浪漫地中海风格玄关走廊地面造型

• 陶瓷马赛克拼花+米黄色金刚砂地砖

• 米色亚光玻化砖斜拼

• 撞色仿古砖斜拼

• 深浅木纹地砖V字拼

简欧风格玄关走廊地面造型

• 米白色无纹理玻化砖+深啡网纹大理石波打线

• 黑白根大理石+米色大理石波打线

• 淋漆UV（紫外光固化）实木地板

• 米色淡纹理无缝玻化砖+黑金花大理石波打线

地砖斜拼

　　地砖斜拼的铺装方式适用于面积较小的空间，因为小面积的空间不适合做繁复的地装造型，同时宜采用单一的装饰材料来进行地面装饰。地砖的斜拼可以增强单一材质的装饰感，同时相比繁复的拼花造型，它的施工更加简单、方便、快捷。

设计详解： 菱形铺装的地砖采用三种不同的颜色，四周再搭配雕花瓷砖，增添地面设计变化的同时，带给空间一丝复古的气息。

材料搭配
三色仿古地砖拼花

设计详解： 在斜拼地面中选择深浅两种颜色的地砖交替搭配，让整个地面更具有设计的美感。

材料搭配
双色陶质地砖

如何选择玄关处的鞋柜

鞋柜一般有两个功能：存放鞋和存放伞。虽然功能简单，但处理得不好会影响以后打扫卫生的难易度，所以应该注意两个方面。

（1）防污：由于鞋子可能会带入灰土等脏物，所以要处理好防污问题。

（2）清洁：鞋柜的隔板不应接触到背板，以利于鞋底的污物统一排到最底层进行清洁。

设计详解：双色地砖的斜拼设计不仅给整个走廊的地面增添了设计感，还有效地缓解了走廊的狭长感。

材料搭配
双色地砖斜铺+深啡网纹大理石波打线

大理石拼花

大理石拼花利用了不同的图案纹理与色彩进行拼接，以变换各种丰富多彩的图案为手段，来达到理想的装饰效果。因此，精湛的工艺技术与精美的花色设计是大理石拼花缺一不可的两个重要因素。复古仿古是大理石拼花最突出的特点之一，在欧式风格、美式风格的地面装饰中最为常见。

设计详解： 玄关处采用大面积的米黄色大理石搭配深啡网纹大理石，拼贴出欧式风格传统的大马士革花纹，展现出了欧式风格的奢华美感。

材料搭配
米黄网纹大理石+深啡网纹大理石拼花

设计详解: 玄关处选择大马士革图案作为地面装饰,让整个欧式风情更加浓郁,同时也凸显了大理石良好的装饰性能。

材料搭配
大理石拼花+米色网纹大理石

设计详解: 地描金饰品与复古家具让整个空间都散发了浓郁的欧式古典韵味。地面采用灰黑色与米色的大理石拼花作为装饰,让整个空间更加气势磅礴。

材料搭配
大理石拼花+黑白根大理石波打线

米色网纹玻化砖

米色网纹玻化砖表面光滑，花色以浅米色、米白色为底色，表面带有淡淡的不规则纹理，浅色调的米色玻化砖在现代风格家装中比较常见。

在选择玻化砖时，一定要注重其光洁度、砖体颜色、分量以及环保性。缝隙越小、结合得越紧密，表明光洁度就越好。光洁度越好，就说明玻化砖的生产工艺越佳。人们越来越重视环保，所以购买玻化砖的时候还要看产品的相关质检报告，尤其要看产品的辐射性指标。

设计详解：浅米色网纹玻化砖纹理清晰，与黑色与深咖啡色波打线形成强烈的色彩对比，给空间增加了张力。

材料搭配
米色网纹玻化砖+黑白根大理石波打线+深啡网纹大理石波打线

装修小课堂

玄关走廊的地面

　　玄关走廊地面是家里使用频率最高的地方。因此，玄关走廊地面的材料要具备耐磨、易清洗的特点，地面的装修通常依整体装饰风格的具体情况而定，一般用于地面的铺设材料有玻璃、木地板、石材或地砖等。如果您想让玄关走廊的区域与客厅有所区别的话，可以选择铺设与客厅颜色不一样的地砖。还可以把玄关走廊的地面升高，在与客厅的连接处做成一个小斜面，以突出其特殊的地位。

设计详解：小玄关的地面不适合有过多的装饰造型，可以通过纹理清晰的米色网纹玻化砖来进行装饰，色彩上也与整个空间更加协调。

材料搭配
米色网纹玻化砖

设计详解：为了避免大面积浅色给地面装饰带来单调感，可以采用深色的大理石波打线来进行色彩上的调节，同时还可以为空间进行区域划分。

材料搭配
米色网纹玻化砖+啡金花大理石波打线

仿古砖斜铺拼花

　　仿古砖具有复古、典雅、亲近自然的装饰效果,适用于混搭、美式、田园、地中海、东南亚等诸多风格的地面装饰使用。仿古砖的颜色相比其他地砖的颜色较深,若是可以采用斜拼拼花的方式进行铺装,便能在视觉上给地面装饰造型带来一丝活力,缓解沉闷感。还可以通过选择拼花锦砖的颜色与样式来增添装饰感与活力。

设计详解:斜铺的仿古砖之间穿插装饰着陶瓷马赛克,让整个玄关处的地面设计更加有立体感。

材料搭配
仿古砖+陶瓷马赛克

设计详解: 仿古砖的色泽与玄关的配色相得益彰,地砖的留缝设计也让地面更加有层次感,完美地演绎出一个带有田园意味的乡村美式空间。

材料搭配
仿古砖斜拼

设计详解: 仿古砖采用斜拼的方式进行铺设,再巧妙地将陶瓷马赛克点缀在每块仿古砖的四角,让整个地面更加有设计感。

材料搭配
仿古砖斜拼+陶瓷马赛克

人造石踢脚线

踢脚线作为地面的轮廓，除了装饰作用，同时还应具有一定的保护功能，它可以更好地使墙体和地面之间结合牢固，减少墙体变形，避免外力碰撞造成破坏。与木质踢脚线相比，人造石踢脚线更容易擦洗，同时具有防水、耐潮、不易变形等诸多优点。

设计详解：大面积的白色地砖搭配深色人造石作为踢脚线与波打线，让整个地面在色彩上更有层次。

材料搭配
黑金花大理石踢脚线+亚光地砖

设计详解：狭长的走廊地面四周采用深咖啡色人造石作为修饰，可以有效地起到拓宽视线的作用。

材料搭配
木纹抛光砖+深咖啡色网纹人造石踢脚线

设计详解： 走廊地面的选材与配色都十分有层次感，再选用黑色人造石作为踢脚线，很好地起到衔接墙面与地面的装饰作用。

材料搭配
黑色人造石踢脚线+米色大理石

装修小课堂

软玄关的处理方法

1.天花划分：可以通过天花造型的区别来界定门厅的位置。

2.墙面划分：可以通过与其他相邻墙面不一样的墙面处理方式，来界定门厅的位置。

3.地面划分：可以通过地面材质、色泽或者高低的差异来界定门厅的位置。

全抛釉瓷砖

　　纹理能看得见但摸不到的全抛釉瓷砖是近几年才兴起的一种瓷砖产品,它是一种精加工砖,它的特点在于其釉面。全抛釉是一种可以在釉面上进行抛光工序的特殊配方釉,目前一般为透明面釉或透明凸状花釉。在其生产过程中,要将釉加在瓷砖的表面进行烧制,这样才能制成色彩、纹理皆非常出色的全抛釉瓷砖。全抛釉瓷砖的釉面光亮柔和、平滑不凸出、晶莹透亮,釉下石纹纹理清晰自然,与上层透明釉料融合后,犹如覆盖着一层透明的水晶釉膜,使得整体层次更加立体分明。

设计详解: 在斜铺的浅色瓷砖中穿插深色调的小块大理石作为点缀,让地面设计更加丰富。

材料搭配
双色全抛釉瓷砖+深啡色大理石

设计详解: 整个空间的背景色以米色为主,采用黑白根大理石作为地面瓷砖的点缀搭配,有效地提升了空间配色的层次感。

材料搭配
米色全抛釉瓷砖+黑白根大理石波打线

设计详解：全抛釉瓷砖拼花的地面给以蓝白为主色调的空间增添了一丝暖意，让充满异域风情的地中海风格空间更加温馨浪漫。

材料搭配
全抛釉瓷砖拼花+白枫木踢脚线

设计详解：整个玄关空间以白色作为背景色，地面选择色彩丰富的全抛釉瓷砖作为装饰材料，不仅丰富了地面设计，还提升了整个空间的色彩层次。

材料搭配
彩色全抛釉瓷砖+白枫木饰面板

洗白木纹砖

　　木纹砖同时具有木地板的温暖外观与瓷砖防腐耐潮的优点。木纹砖是通过在瓷砖表面进行喷釉和压纹的方法，使瓷砖表面具有仿木纹的色泽与触感。洗白木纹砖属于瓷质砖，表面硬度很高，基于瓷砖的本质，它的吸水率较低，表面光滑，色彩淡雅，适用于现代风格与小空间装饰使用。

设计详解：顺纹铺装的木纹地砖再穿插黑色大理石波打线，让整个空间既不缺少色彩层次，又十分具有整体感。

材料搭配
洗白木纹砖+黑色人造大理石波打线

设计详解: 顺纹路铺设的地砖让小玄关视觉上更加开阔,深灰色波打线的加入巧妙地将小空间作出区域划分。

材料搭配
洗白木纹砖+大理石波打线

设计详解: 整个空间都选用洗白木纹砖作为地面装饰,充分利用了其洗白、做旧的材质特点,营造出专属现代中式的朴实与韵味。

材料搭配
洗白木纹砖+红樱桃木踢脚线

装修小课堂

玄关处应怎样选择绿色植物

　　玄关是来宾进入大门后给人第一印象的地方,在玄关处绿化是比较好的,一方面美化了环境,让来宾进门后眼前一片绿色,有神清气爽的感觉;另一方面摆放一些吉祥的绿色植物也有利于提神。布置玄关绿化,单独的有款有型的树木、大型的盆栽植物和一些小型的盆栽花卉组合都适用于玄关。在植物的选择上,最好选择生命力旺盛的常绿植物,例如铁树、发财树、黄金葛与赏叶榕等,小型的盆栽植物,如兰花、吊兰、万年青等常绿植物,在视觉上给人一派葱茏的景象。

木质楼梯踏步

木质楼梯踏步是常见的踏步材料，木质踏步与其他材质不同，它能够给人带来自然、亲切、舒适、温暖的感觉。木质楼梯踏步按材质可分为实木、强化复合木两种。在选择实木楼梯踏步时应尽量选择木材密度大的硬木，如柚木、樱桃木、沙比利等。强化复合木楼梯踏步与实木踏步相比价格便宜、保养方便，但是没有实木楼梯踏步耐用。

设计详解：在同色调的配色空间中，楼梯踏步的颜色为温润雅致的深棕黄色，很好地提升了空间配色层次。

材料搭配
实木楼梯踏步

设计详解：楼梯间以白色作为背景色，搭配棕红色的实木踏步与造型扶手，简洁又不失欧式风格的精致美。

材料搭配
红樱桃木踏步

设计详解: 木质楼梯踏步与花色瓷砖的颜色过渡十分自然,既不花哨又有十足的设计感,让整个空间更加具有异域风情。

材料搭配
木质楼梯踏步+订制瓷砖

装修小课堂

普通楼梯部件的常规尺寸

1.踏步板高度一般在16~22厘米之间。

2.除了竖直的围栏外,楼梯的围栏也可以水平排列。

3.两根围栏的中心距离不要大于12.5厘米,否则小孩的头容易伸出去,造成危险。

4.安装好的楼梯踏板与墙面留出小于2厘米的间隙,以免损害墙面。

砖石楼梯踏步

　　砖石类楼梯踏步适用于面积较大的空间使用,包括天然石材与瓷砖两种。如大理石、花岗岩、瓷砖等,款式花色非常多,相比木质楼梯踏步更加结实耐用。但是由于质感的原因,砖石类楼梯踏步会给人一种硬冷的感觉,同时砖石的表面比较光滑,在使用时最好搭配防滑条、防滑垫。

设计详解: 两种颜色搭配的大理石楼梯踏步让整个楼梯间明亮、轻快的同时,又不失温馨感。

材料搭配
米黄网纹大理石楼梯踏步+米白网纹大理石楼梯踏步

塑胶楼梯踏步

塑胶材质的楼梯踏步经济实惠，具有吸音、易清洁、抗菌等特点。塑胶楼梯踏步的色彩相比木质与砖石类更加丰富多变，同时还可以根据设计需求选用仿实木纹或大理石纹的塑胶楼梯踏步。

设计详解： 仿木纹塑胶楼梯踏步色泽温润，给以大面积绿色作为背景色的楼梯间增添了一丝暖意。

材料搭配
白枫木踢脚线+仿木纹塑胶楼梯踏步

止滑条

止滑条对于楼梯而言是必须存在的辅助材料，既能起到防滑功能又有装饰效果。止滑条有传统金属止滑条与铝合金基座止滑条两种，传统的金属止滑条其材质多以黄铜、铁为主，用久容易生锈；铝合金基座止滑条则是采用铝合金凹槽搭配PVC芯条组成，PVC芯条可以定期进行更换，并可以嵌入楼梯的梯面，既美观又耐用。相比传统金属止滑条，铝合金基座止滑条的价格要稍微高一些。

设计详解： 大面积的米色让整个楼梯间的配色过于单调，止滑条、木质楼梯扶手等元素具备实用功能的同时还具有一定的装饰性。

材料搭配
木纹大理石楼梯踏步+嵌入式止滑条

门类及其附件

设计详解： 浅色调的简欧风格空间，造型简化又不失装饰美感，大面积的白色搭配深色的装饰线条，丰富了空间的视觉层次。

材料搭配
有色乳胶漆＋中花白大理石＋黑金花大理石波打线

设计详解： 玄关的主题墙面与家具都是深色调，再搭配一面白色的实木门，很好地冲淡了深色调给玄关带来的压抑感。

材料搭配
白色实木门＋白色乳胶漆

防盗门

　　防盗门作为入户门，是守护家居安全的一道屏障，因此首先应注重其防盗性能。除此之外，防盗门还应该具备较好的隔声性能，以隔绝室外的声音。防盗门的安全性与其材质、厚度及锁的质量有关，隔声则取决于密封程度。合格的防盗安全门门框的钢板厚度应在2毫米以上，门体厚度一般在 20毫米以上，门体重量一般应在 40千克以上，门扇钢板厚度应在 1毫米以上，内部应有数根加强钢筋以及石棉等具有防火、保温、隔声功能的材料作为填充物。用手敲击门体时应发出"咚咚"的响声，开启和关闭要灵活。

设计详解：防盗门的颜色与玄关柜、木踢脚线为同一色，不仅为整个玄关空间增添了整体感，同时还有效地提升了色彩的层次。

材料搭配
PVC肌理壁纸+黑胡桃木踢脚线

设计详解：在面积较小的小玄关中不适合有过多的造型装饰，可以选择一面带有浮雕花纹的防盗门来为玄关处增色。

材料搭配
有色乳胶漆+白枫木踢脚线

设计详解： 采用板岩作为玄关主题墙的装饰材料，整个玄关都充满着古朴自然的感觉，再通过不同照明手段进行修饰，让整个玄关处更加温馨。

材料搭配
纸面石膏板+灯带+板岩

防盗门的结构分类

通常情况下按造型结构防盗门可分为栅栏式防盗门、实体式防盗门和复合式防盗门三种。

栅栏式防盗门

栅栏式防盗门就是平时较为常见的由钢管焊接而成的防盗门，它的最大优点是通风、轻便、造型美观，且价格相对较低。该防盗门上半部为栅栏式钢管或钢盘，下半部为冷轧钢板，采用多锁点锁定，保证了防盗门的防撬功能，但在防盗效果上不如封闭式防盗门。

实体式防盗门

实体门采用冷轧钢板挤压而成，门板全部为钢板，钢板的厚度多为1.2毫米和1.5毫米，耐冲击力强。门扇双层钢板内填充岩棉保温防火材料，具有防盗、防火、绝热、隔声等功能。一般实体式防盗门都安装有猫眼、门铃等设施。

设计详解：配色清丽淡雅的小玄关，选择一面颜色古朴的实体门来进行色彩调节，给整个空间增添了一丝厚重感。

材料搭配
深纹理强化木地板+有色乳胶漆

复合式防盗门

复合式防盗门由实体式防盗门与栅栏式防盗门组合而成，具有防盗和夏季防蝇蚊、通风纳凉和冬季保暖隔声的特点。

防盗门的材质分类

防盗门从材质上主要分为五种：钢质、钢木结构、不锈钢、铝合金和铜质。

钢质门

钢质防盗门是市场上最常见、最常用的防盗门。钢质防盗门虽具外形线条坚硬的缺点，但因其低廉合理的价格使其成为销售市场中的佼佼者。

设计详解： 玄关处的整体设计以古典欧式风格为主，棕红色的玄关柜与防盗门给整个空间增添了一丝厚重感。

材料搭配
白色人造大理石+黑白根大理石波打线+车边银镜

钢木门

钢木门是一种可与室内装修配套的一种门，防盗性能采用中间的钢板来达到。此外，用户还可以根据自身的喜好需求来选择颜色、木材、线条、图案等，是一种可订制的防盗门。

设计详解： 传统古典欧式玄关走廊选择金色与米色作为空间的主要配色，再搭配深棕红色防盗门，完美地展现出欧式风格追求华丽与高雅的风格特点。

材料搭配
米黄大理石+印花壁纸+成品铁艺描金+条纹壁纸

铝合金门

铝合金门所用的铝合金材质不同于我们所见到的普通铝合金门窗，它的硬度较高，色泽亮丽，装饰花纹图案丰富，给人一种金碧辉煌之感，同时还具有不易褪色的优点。

不锈钢门

不锈钢防盗门坚固耐用，安全性更高。不锈钢门的颜色丰富，常见的颜色有银白色、黄钛金、玫瑰金、红钛金、黑钛金、玫瑰红等。

设计详解：小玄关处采用白色雪弗板雕花作为软间隔，既不影响采光又能起到很好的装饰效果，再搭配一面深色调的防盗门，让整个玄关增添了一丝厚重感。

材料搭配
石膏板浮雕+圆角石膏装饰线+白色乳胶漆

设计详解：将玄关的顶面设计成全灯槽造型，充分保证了玄关处的照明，让整个玄关更加明亮。

材料搭配
纸面石膏板+白色乳胶漆

铜质

大多数的铜质防盗门都将传统防盗与入户门合二为一，款式先进，而且在防火、防腐、防撬、防尘方面都有不错的表现。从材质上讲铜质防盗门是最好的，从价格上讲它也是最贵的，市场上能见到的基本价格都在万元以上，最贵可达数十万元。它主要用于银行等金融机构或者高级住宅别墅中。

实木门

　　实木门取原木为主材做门芯，经过烘干处理，然后再经过下料、抛光、开榫、打眼等工序加工而成。实木门具有不变形、耐腐蚀、隔热保温、无裂纹、吸声、隔音等特点。常见的实木门有全木、半玻、全玻三种款式。实木门给人以稳重、高雅的感觉，多会选用比较名贵的胡桃木、柚木、沙比利、红橡木、花梨木等作为原材料，因此价格也十分昂贵。

设计详解：以白色作为玄关的背景色，可以选择颜色较深的实木门来进行色彩调节。

材料搭配
米色无缝玻化砖+米黄大理石波打线

实木门的色彩选择

黑褐色的胡桃木给人感觉尊贵稳重，而浅棕色的樱桃木则让人觉得温馨自在。木门因选用树种的不同，所呈现出的木质纹理及色泽也不尽相同。因此，选择与居室装饰格调相一致的木门，将会令居室增色不少。

首先，木门的色彩要与居室相和谐。当居室内的主色调为浅色系时，应挑选如白橡、桦木、混油等冷色系的木门；当居室内的主色调为深色系时，则应选择如柚木、莎比利、胡桃木等暖色系的木门。木门色彩的选择还应注意与家具、地面的色调要相近，而与墙面的色彩产生反差，这样有利于营造出有空间层次感的氛围。

其次，木门的造型要与居室装饰风格相一致。一般家居的装饰风格主要分为欧式、中式、简约、古典等样式，如室内的家装设计是以曲线为主流元素的，木门的款式也应以曲线形为理想的搭配方式，反之亦然。另外，门的木质选择也应尽量与室内家具的木质相一致，以便达到最佳的居室装潢效果。

设计详解： 为了保证玄关处的整体感，木质踢脚线与木门选择同一种颜色进行装饰，与墙面、地面的色彩相结合，完美地营造出一个温暖舒适的空间氛围。

材料搭配
有色乳胶漆+米色抛光砖+木质踢脚线

设计详解： 木质装饰材料可以给空间带来意想不到的暖意，再搭配一些碎花壁纸，让整个空间增添了一丝自然的乡村气息。

材料搭配
红樱桃木饰面板+木质踢脚线+仿古砖

设计详解： 门选择与软玄关间隔同一颜色，可以让小户型的玄关更有整体感。

材料搭配
实木格栅+深啡网纹大理石波打线+米色亚光地砖

实木门的选购

1. 检验油漆。触摸感受漆膜的丰满度，漆膜丰满说明油漆的质量好，对木材的封闭也有保障；站到门面斜侧方的反光角度，看表面的漆膜是否平整，有无橘皮现象，有无凸起的细小颗粒。如果橘皮现象明显，则说明漆膜烘烤工艺不过关。花式造型门，则还要看产生造型的线条的边缘，尤其是阴角处有没有漆膜开裂的现象。

2. 看表面的平整度。如果木门表面的平整度不够，则说明选用的板材比较廉价，环保性能也很难达标。

3. 看五金。建议消费者尽量不要自行另购五金部件，如果厂家实在不能提供合意的五金产品，一定要选择质量有保障的五金产品。

实木复合门

实木复合门的门芯多以松木、杉木或进口填充材料等黏合而成，外贴密度板和实木木皮，经高温热压后制成，并用实木线条封边。实木复合门重量较轻，不易变形、开裂。此外还具有保温、耐冲击、阻燃等特性，隔声效果与实木门基本相同。高档的实木复合门手感光滑、色泽柔和。

设计详解： 简欧风格的玄关处采用白色加米色的传统配色手法进行色彩装饰，再通过材质的变换进行层次调节，让整个空间更加协调、舒适。

材料搭配
铁艺隔断+印花壁纸+白枫木饰面板+黑金花大理石波打线+米色网纹大理石

模压门。

　　模压门采用人造林的木材，经去皮、切片、筛选、研磨成干纤维，拌入酚醛胶作为黏合剂和石蜡后，在高温高压下一次模压成型。模压门也属于夹板门，只不过是模压门的面板采用的是高密度纤维模压门板。模压门的面板以木贴面并刷清漆，保持了木材天然纹理的装饰效果，同时也可进行面板拼花，既美观活泼又经济实用。此外，模压门还具有防潮、膨胀系数小、抗变形的特性，不会出现表面龟裂和氧化变色等现象。

设计详解： 小户型空间不适合使用太多繁复的装饰造型，可以选购一面带有简洁装饰线条的木门来给玄关增色。

材料搭配
浅纹理复合木地板+有色乳胶漆

模压门的选购

在选购模压门时应注意，模压门的贴面板与框体连接应牢固、无翘边、无裂缝。内框横、竖龙骨排列符合设计要求，安装合页处应有横向龙骨。首先应观察模压门的面板是否平整、洁净，有无节疤、虫眼、裂纹及腐斑等现象，优质模压门的表面木纹清晰，纹理美观。其次，在选择模压门的时候还需要根据使用空间的不同来选择不同款式的门。例如，卧室门，首先要考虑私密性，其次要考虑所营造的氛围，多数会采用透光性弱且坚实的门型，如镶有磨砂玻璃的、造型优雅的模压门。

设计详解： 整个空间地面采用浅色木纹砖进行装饰，空间间隔仅采用一条黑白相间的大理石作为划分，深色木质元素的融入让整个空间更具有自然韵味。

材料搭配
胡桃木饰面哑口＋有色乳胶漆＋洗白木纹砖＋黑白根大理石

设计详解： 白色的地面与家具适合搭配一些黑色元素来给空间增添时尚感，并赋予空间沉稳、温馨的感觉。

材料搭配
米白网纹玻化砖＋黑白根大理石波打线

铝合金玄关门

铝合金门是将表面处理过的铝合金型材，经下料、打孔、铣槽、攻丝等加工工艺制作成的门框构件，再用连接件、密封材料和开闭五金配件一起组合装配而成。铝合金门还可以利用烤漆技术，将门面喷刷出各种颜色，且表面的纹理呈细质砂纹状，市面上常见的铝合金门的颜色有：咖啡色、墨绿色、银灰色、象牙白、枣红等。此外，相比色泽冰冷、样式单一的不锈钢门，铝合金门的样式多变，例如：装饰线、格子等，带有简洁日式风格，一改过去人们对玄关门冰冷的刻板印象。

设计详解：白色玄关门与玄关墙面装饰、玄关柜的颜色相协调，让小玄关更加有整体感，同时又能表现出田园风格自然、清新的风格特点。

材料搭配
白枫木饰面板＋有色乳胶漆＋木质踢脚线刷白

设计详解： 大量的浅色作为玄关空间的背景色，再融入一些棕红色的实木元素，将传统美式风格的沉稳感展现得淋漓尽致。

材料搭配
米色抛光砖+黑金沙大理石波打线+有色乳胶漆

设计详解： 玄关的整体色调偏白，墙面、地面可以将一些黑色装饰材料融入其中，丰富设计造型的同时还能为空间的色彩搭配增加对比感。

材料搭配
车边黑镜+黑色大理石波打线+白枫木装饰线+中花白大理石

门吸

门吸也称门碰,也是一种门页打开后吸住定位的装置,以防止风吹或碰触门页而关闭。门吸分为永磁门吸和电磁门吸两种,永磁门吸一般用在普通门中,只能手动控制,永磁门吸按安装形式分墙装式、地装式;按材质分塑料型、金属型。电磁门吸用在防火门等电控门窗设备,兼有手动控制和自动控制功能。

门吸的安装

1.把吸座底盖以自攻螺钉(两个)装于门体上的适当位置。

2.把吸座帽及弹簧装进吸座外壳。

3.把吸座外壳旋进吸座底盖。

4.确定吸头位置,使吸头与吸座准确定位。

5.在墙体上钻膨胀螺栓孔及自攻螺钉孔。

6.把膨胀螺栓及螺钉胶套打进相应的孔中。

7.装吸头底盖。

8.把吸头体旋进吸头底盖。

门把手

门把手是不可忽视与或缺的门配件,它同时具备装饰性与功能性。通常情况下,门把手是不需要单独购买的,因为市面上所销售的门都会配带门把手,但是门把手的使用率极高,很容易出现脱落、掉漆等现象。门把手按材质分陶瓷、实木、金属、玻璃、水晶、塑料、合金等材质。门把手按照造型分单孔球形、单孔条形或日式、中式、现代、欧式等等。

家装材料 全能速查
上

03

书房

书房的设计要点

书房是家庭中阅读、书写以及业余学习、研究、工作的空间，既是办公室的延伸，又是家庭生活的一部分。书房的双重性使其在家庭环境中处于一种独特的地位。

书房的设计首先应保证安静。如果有条件，墙面可以采取隔声措施。如果是整面墙的书架，上面放满图书，那么书架的隔声效果也很好。

其次，最好能保证书房的良好采光，尤其是书桌的采光。书桌的光线应充足而均匀，最好靠窗放置，在阳光直射时可用遮光帘调节光照。最后，在书房中，应该选择一个符合人体工程学的书桌。书桌桌面的高度应合理，桌面下有放腿的空间。书桌应配备能活动的转椅，以方便人的活动。书桌的大小和尺寸，应符合使用书房的人的职业和活动需要，将实用性和装饰性结合起来考虑。

书房顶面装饰材料

书房顶面造型速查

现代简约风格书房顶面造型

• 扇形错层石膏板+彩色乳胶漆+灯带

• 平面石膏板+错层石膏装饰线+白色乳胶漆

• 长方形错层石膏板+灯带+嵌入式黑镜装饰线

• 平面石膏板+筒灯

传统美式风格书房顶面造型

• 方形错层石膏板+实木错层装饰线+木质窗棂造型

• 长方形错层石膏板+灯带+实木装饰线

• 平面石膏板+错层实木顶角线

• 长方形错层石膏板+错层实木装饰线+白松木扣板

清新田园风格书房顶面造型

• 木色炭化木板吊顶+实木顶角线混油

• 实木装饰横梁+白松木扣板

• 白松木尖顶吊顶+错层石膏板+灯带

• 实木井字格造型混油+平面石膏板

古典中式风格书房顶面造型

· 实木梁式格栅吊顶

· 正方形错层石膏板+错层实木装饰线

· 长方形错层石膏板+错层实木顶角线+实木窗棂造型

· 长方形错层石膏板+灯带+成品实木装饰格栅

奢华欧式风格书房顶面造型

· 长方形错层石膏板+石膏装饰浮雕描金+灯带+石膏装饰线

· 长方形错层吊顶+灯带+实木装饰浮雕

· 半球形石膏吊顶+错层石膏板+灯带

· 圆角弧形错层石膏板

浪漫地中海风格书房顶面造型

· 白松木板平顶造型

· 平顶石膏板+圆角石膏装饰线

· 白松木扣板尖顶造型+实木装饰横梁+灯带

· 石膏板凹凸造型+炭化木板吊顶+白色实木顶角线

简欧式风格书房顶面造型

· 长方形错层石膏板+灯带+错层石膏装饰线

· 长方形错层石膏板+肌理壁纸

· 长方形错层石膏板+嵌入式银镜+灯带

· 正方形错层石膏板+石膏板井字格栅+圆角形石膏装饰线

石膏板错层吊顶

　　石膏板错层造型吊顶是通过运用龙骨做出凹凸的错层造型后，再用螺钉及胶水将石膏板固定。错层造型吊顶比较适合层架稍高的空间使用，同时搭配一些实木装饰线条，更能营造出淡雅、质朴的书香气。在制作错层石膏板时，造型龙骨最好选用轻钢龙骨，因为轻钢龙骨的承重力好，不易变形，十分耐用。

设计详解：书房顶面的暗藏灯带搭配石膏板装饰浮雕，丰富了整个书房顶面造型的层次变化，营造出一个温馨的阅读空间。

材料搭配
纸面石膏板+白色乳胶漆+石膏板浮雕

法式石膏装饰线

法式石膏装饰线多会采用雕刻的方式来突出石膏线纹理的装饰效果，复古的装饰雕刻、精湛的加工工艺是法式石膏装饰线最突出的优点。此种装饰线很能起到烘托空间氛围的作用，而且它还承袭了古典欧式的奢华风范，经常会使用描金、描银等修饰手法。在巴洛克、洛可可、混搭等风格中十分常见。

设计详解： 书房的顶面采用白色层叠的法式石膏板装饰线作为装饰，可以有效地缓解墙面与顶面的色彩冲突，让书房地面设计更有层次感。

材料搭配
法式石膏装饰线+白松木扣板

设计详解： 如果书房的顶面层架不高，可以选用法式石膏装饰线来进行装饰，通过对装饰线描金以及涂刷颜色等手段来展现巴洛克风格精致华丽的特点。

材料搭配
法式石膏装饰线混油描金+纸面石膏板

设计详解：平面的吊顶设计采用法式石膏装饰线作为主要装饰，与家具、布艺上的欧式元素相呼应，使整个书房展现出古典欧式的奢华底蕴。

材料搭配
法式石膏装饰线描金+纸面石膏板+石膏装饰浮雕

装修小课堂

如何选择书房装修材料

　　书房应尽可能多地使用自然材料和高科技人工饰材，如使用铁、竹、藤、石等无污染材质，抛弃有毒、有害、含污染物的化学材料，创造质朴、自然情趣的生活空间，全面保证书房环境是安全、无污染的。整体设计不以夸富、攀比为基调，不搞名贵材料的堆砌、装修。

圆角石膏装饰线

　　圆角造型的石膏装饰线在各种造型的吊顶中都十分适用,属于百搭的一种装饰线。尤其是在层高较低的空间中,圆角石膏装饰线不仅能有效地承接顶面与墙面的过渡,还能起到很好的装饰效果,打造出一个简洁又和谐的空间氛围。

设计详解: 简约风格书房采用错层石膏板作为顶面造型,再通过圆角石膏装饰线进行墙面与顶面的衔接,让整个空间更有整体感与立体感。

材料搭配
纸面石膏板+圆角石膏装饰线+白色乳胶漆

书房空间的布置原则

　　一字形布置,是将写字桌、书柜与墙面平行布置,这种方法使书房显得十分简洁素雅,造成一种宁静的学习气氛。L形布置,一般是靠墙角布置,将书柜与写字桌布置成直角,这种方法占地面积小。U形布置是将书桌布置在中间,以人为中心,两侧布置书柜、书架和小柜,这种布置使用较方便,但占地面积大,只适合于面积较大的书房。

柚木装饰横梁

柚木色泽光亮，纹理通直，多以黄褐色最为常见。书房空间的配色多会以淡淡的冷色调来进行搭配，目的是想要营造一个相对宁静的阅读、学习空间。以柚木作为书房的装饰横梁，是充分借助了其纹理及色彩的特点，色暖却不会显得过于慵懒沉闷，可以很好地缓解冷色调的空间配色，给空间带来恰到好处的暖意。

设计详解: 采用柚木装饰横梁装饰书房顶面，可以让整个书房空间更加有欧式风格的厚重感。

材料搭配
纸面石膏板+白色乳胶漆+柚木装饰横梁

设计详解: 大面积的白色顶面使用棕黄色柚木横梁相搭配，让整个顶面造型设计更加丰富。

材料搭配
白松木扣板+黄柚木装饰横梁

设计详解： 书房顶面采用色泽温润的柚木作为横梁的主要材料，与家具等软装饰品相呼应，巧妙地统一了空间的视觉效果。

材料搭配
柚木装饰横梁+白松木扣板+纸面石膏板+白色乳胶漆

设计详解： 尖顶造型的顶面使用柚木作为顶面的装饰横梁，与整个室内的配色完美结合，既能突出顶面设计的层次感，又能很好地展现出古典美式风格粗犷自然的风格特点。

材料搭配
白松木扣板+柚木装饰横梁

书房墙面装饰材料

书房墙面造型速查

现代简约风格书房墙面造型

• 彩色乳胶漆+装饰画

• 手绘图案+实木踢脚线

• 无缝饰面板

• 硅藻泥壁纸+创意木质隔板

传统美式风格书房墙面造型

• 黑色科定板+木质隔板

• 拱门造型+文化砖+彩色硅藻泥壁纸

• 条纹壁纸

• 红砖造型墙+实木隔板

清新田园风格书房墙面造型

• 木工板凹凸造型+壁纸+实木装饰线

• 拱门造型+彩色乳胶漆

• 木工板凹凸造型+细条纹壁纸+白枫木饰面板

• 拱门造型+乳胶漆+木质隔板

古典中式风格书房墙面造型

• 木工板凹凸造型+白枫木饰面板+壁纸

• 实木窗棂造型+壁纸

• 手绘图案+中式木质屏风

• PVC发泡肌理壁纸

奢华欧式风格书房墙面造型

• 木工板凹凸造型+白枫木饰面板+壁纸+白枫木装饰线

• 木工板凹凸造型+水曲柳饰面板+木装饰线+装饰画

• 订制成品木质书柜+实木雕花描金

• 木质整体书柜混油+黑金花大理石收边条

浪漫地中海风格书房墙面造型

• 双拱门造型+纯纸壁纸+木质隔板混油

• 木工板凹凸造型+白枫木装饰线+壁纸+彩色乳胶漆

• 双拱门造型+陶瓷马赛克+彩色乳胶漆+木质隔板

• 条纹壁纸+白枫木装饰线+装饰画

简欧风格书房墙面造型

• 木工板凹凸造型+白桦木饰面板+壁纸

• 皮革软包+实木踢脚线

• 发泡条纹壁纸+装饰画

• 无纺布壁纸+装饰画

木质书柜

　　书柜作为书房中的绝对主角，按材质可分为实木书柜与复合木书柜；按设计样式可分为悬挂式、倚墙式、嵌入式、独立式。悬挂式书柜比较节省空间，书柜底部的空间完全可作他用，同时还能起到装饰墙面的作用；倚墙式书柜占用空间极其有限，适用于面积较小的书房使用，书架中丰富的层架给生活带来极大的便利；嵌入式书柜可以根据需要存放的物品来量身制作，除了尺寸外，还可以订制它们的风格，以求整体风格一致；独立式书柜的适应性比较强，可以随意挪动，还可以用以隔挡空间，类似屏风的作用。

设计详解： 同一色调的实木书柜、书桌、木地板，给以浅色为背景色的书房空间增添了色彩的层次感。

材料搭配
条纹壁纸+实木独立书柜

设计详解： 木质书柜搭配磨砂钢化玻璃，给书房空间增添了混搭的韵味。

材料搭配
实木订制书柜+磨砂钢化玻璃

设计详解：小书房选择实用的悬挂式书柜来进行布置，书柜与简易造型的榻榻米相结合，让小面积的书房少了局促感，增强了整体感。

材料搭配
彩色硅藻泥壁纸+白枫木悬挂书柜+艺术墙贴

设计详解：书房中家具的造型优雅古典，与整个空间的背景色完美融合在一起，让整个空间都散发着古典欧式的精致美感。

材料搭配
印花壁纸+白枫木踢脚线

红樱桃木饰面板

　　红樱桃木饰面板表面色泽呈现淡红棕色，纹理通直，通常情况下细纹里有狭长的棕色髓斑及微小的树胶囊，结构细密均匀。用红樱桃木饰面板作为墙面护板，能给人带来古朴的高贵感，是古典中式风格与美式风格中最常用的装饰材料。

设计详解： 整个书房空间采用棕红色樱桃木作为墙面装饰材料，再搭配复古的山水画作为色彩与材质的调节与点缀，让整个书房散发着浓郁的书香气息。

材料搭配
红樱桃木饰面板+仿古壁画

设计详解：大面积的红樱桃木护墙板与欧式风格家具完美结合，打造出一个极富古典韵味的空间氛围。

材料搭配
红樱桃木饰面板

设计详解：红樱桃木饰面板与整体书柜完美结合，给书房带来视觉上的整体感；壁纸、装饰画等元素的融入，则很好地调节了大面积深色给空间带来的沉闷感。

材料搭配
红樱桃木饰面板+印花壁纸

✎ 装修小课堂

书柜的装饰设计原则

在面积较小的书房中，最佳的布置方案是将整面墙设计为书柜。这样的书柜倚墙而立，造型要简单，并采用通透的设计，以便于取书。材料最好用板材，它能衬托出书的清雅气息。若需储存更多的书，还可将书柜设计成可推拉的多层式书柜，非常实用。

PVC（聚氯乙烯）发泡肌理壁纸

PVC发泡肌理壁纸，是将壁纸经过发泡处理后，产生肌理纹理效果。不同的肌理，因反射光的空间分布不同，会产生不同的光泽度和物体表面感知性，因此会给人带来不同的心理感受。例如，细腻光亮的质面，反射光的能力强，会给人轻快、活泼、欢乐的感觉；平滑无光的质面，由于光反射量少，会给人含蓄、安静、质朴的感觉；粗糙有光的质面，由于反射光点多，会给人缤纷、闪耀的感觉；而粗糙无光的质面，则会使人感到生动、稳重和悠远。

设计详解： 采用肌理壁纸来装饰书房的墙面，在没有过多的复杂造型时，可以通过壁纸自身的材质特点来营造一个温暖又不乏质感的学习空间。

材料搭配
肌理壁纸+银镜装饰线+不锈钢收边条

设计详解：书房墙面选用带有肌理的发泡壁纸作为装饰材料，充分利用材料的质感来营造一个舒适的阅读空间。

材料搭配
PVC发泡壁纸+白枫木踢脚线

设计详解：米色+白色+黑色是最舒适的色彩搭配，让整个书房空间更加淡雅素净，可以有效地缓解长时间学习或工作带来的疲劳感。

材料搭配
米色PVC肌理发泡壁纸+白枫木踢脚线

条纹壁纸

条纹壁纸可以使空间显得更高。在色彩选择上最好选用清新、典雅的颜色，地面和家具最好同一色系，但是同一空间内的配饰和所用的织物要避免过多的竖条图案，可以在竖条纹中增添一些传统图案，尽显大方和稳重的同时还可以使居室显得更加温馨。

设计详解： 深浅米色搭配的条纹壁纸搭配白色混油的实木家具，完美地营造出田园风格崇尚自然的风格特点。

材料搭配
条纹壁纸+木质隔板混油

设计详解： 细条纹壁纸搭配彩色饰面板书柜，打造出一个清新又富有童趣的儿童学习空间。

材料搭配
细条纹壁纸+订制成品书柜

设计详解： 条纹壁纸贴满整个书房墙面，并搭配色泽温润、纹理清晰的实木家具，营造出一个浓郁的田园风格空间。

材料搭配
条纹壁纸+实木踢脚线

设计详解： 书房采用黑白相间的条纹壁纸作为墙面的装饰材料，凸显了现代风格简洁大方的装饰特点。

材料搭配
条纹壁纸

装修小课堂

书房良好通风环境的设计原则

　　通风也是一个不容忽视的细节。书房里的电子设备越来越多，需要良好的通风环境，因而书房一般不宜安置在密不透风的空间内。门窗应能保障空气对流畅通，其风速的标准可控制在每秒1米左右，以利于机器的散热。最好把房间的温度控制在0~30℃之间。电脑摆放的位置有三忌：一忌摆放在阳光直接照射的窗口；二忌摆放在空调器散热口下方；三忌摆放在暖气散热片或取暖器附近。

乳胶漆

　　乳胶漆是乳胶涂料的俗称，是以合成树脂乳液为基料，经过研磨分散后加入各种助剂精制而成的涂料。乳胶漆具有易施工、干燥迅速、易清洁、抗菌等特点。乳胶漆的可选色彩十分丰富，可以根据所需要装饰的空间进行选择。书房是一个需要安静的空间，十分适合使用素色调的乳胶漆来作为墙面装饰，因为素色的乳胶漆能够营造出一个清新、淡雅、宁静的空间氛围。例如米白色、浅蓝色、浅绿色等一些高明度、低饱和度的色彩很适合于书房。

设计详解：冷色调一直是书房空间最常用的颜色，书房墙面使用淡蓝色的乳胶漆来装饰，再搭配白色家具，很好地营造出一个清静素雅的阅读空间。

材料搭配
彩色乳胶漆+木质隔板混油

如何选购乳胶漆

1. 用鼻子闻：真正环保的乳胶漆应是水性、无毒、无味的。如果闻到刺激性气味或工业香精味，就不能选择。

2. 用眼睛看：放置一段时间后，正品乳胶漆的表面会形成厚厚的、有弹性的氧化膜，不易裂；而次品只会形成一层很薄的膜，易碎，具有辛辣气味。

3. 用手感觉：用木棍将乳胶漆拌匀，再用木棍挑起来，优质乳胶漆往下流时会成扇面形。用手指摸，正品乳胶漆应该手感光滑、细腻。

设计详解：整个空间选择同一色调的配色方法进行色彩选择，再通过不同材质的变化来进行层次调节，让整个书房空间更加舒适。

材料搭配
有色乳胶漆

设计详解：绿色永远是田园风格配色中最常见的色彩之一，书房采用淡淡的绿色作为墙面乳胶漆的颜色，很好地营造出一个清新自然的田园风格空间。

材料搭配
有色乳胶漆

4.耐擦洗:可将少许涂料刷到水泥墙上,涂层干后用湿抹布擦洗,高品质的乳胶漆耐擦洗性很强,而低档的乳胶漆擦几下就会出现掉粉、露底等褪色现象。

5.标识齐全:尽量到重信誉的正规商店或专卖店去购买,购买国内或国际知名品牌。选购时认清商品包装上的标识,特别是厂名、厂址、产品标准号、生产日期、有效期及产品使用说明书等。购买后一定要索取购货发票等有效凭证。

设计详解: 使用浅淡色调的乳胶漆来装饰书房墙面,可轻而易举打造出一个素净的学习空间。为了避免书房的单调感,可以通过几只彩色抱枕或装饰画来缓解。

材料搭配
有色乳胶漆

设计详解: 淡绿色墙面加白色家具很好地营造出一个清新自然的田园风格书房,安逸又宜于学习。

材料搭配
彩色乳胶漆+白色木质踢脚线

书房地面装饰材料

········ **书房地面造型速查** ········

现代简约风格书房地面造型

- 实木复合地板+仿斑马纹地毯
- 深色强化木地板人字拼
- 仿斑马纹混纺地毯
- 实木地板+仿动物皮毛地毯

传统美式风格书房地面造型

- 灰白装饰亚光地砖
- 深色强化地板+仿动物皮毛地毯
- 陶质木纹砖拼花
- 黑檀木海岛型地板

清新田园风格书房地面造型

- 竹木地板+白色实木踢脚线
- 深棕木纹地砖V字拼+白色实木踢脚线
- 撞色皮纹砖+白色人造石踢脚线
- 洗白仿古砖不规则拼贴

古典中式风格书房地面造型

 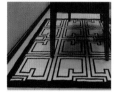  

- 全抛木纹地砖顺铺+黑色人造石踢脚线
- 混纺万字格地毯+实木踢脚线
- 万字格花纹混纺地毯+米黄色亚光地砖
- 纯毛地毯+深色超耐磨地板

奢华欧式风格书房地面造型

- 半抛木纹砖拼花+欧式花边地毯
- 浅色实木UV淋漆地板
- 实木地板V字拼+纯毛地毯
- 实木地板人字拼+欧式花边地毯+实木踢脚线

浪漫地中海风格书房地面造型

- 金刚砂地砖+陶瓷马赛克波打线
- 淡纹理玻化砖
- 米黄色陶质板岩地砖+艺术地毯
- 米黄色网纹玻化砖+深咖网纹大理石波打线

简欧风格书房地面造型

- 深色实木地板顺铺
- 竹木复合地板
- 米色木纹砖拼花+纯毛地毯
- 混纺地毯

橡木复合地板

　　复合木地板俗称金刚板，一般由四层材料复合组成，即耐磨层、装饰层、高密度基材层、平衡(防潮)层。以橡木作为复合木地板的装饰层，色泽淡雅，纹理美观。按照色彩可分为白橡木、红橡木、黄橡木；按照纹理可分为直纹与横纹两种装饰纹理，其中以直纹的装饰效果最佳，但是价格相对比较高。

设计详解：书房地面选择红橡木复合地板来进行装饰，给整个造型简洁大方的现代风格书房增添了一丝稳重感。

材料搭配
实木踢脚线+红橡木复合地板

设计详解：暖色调的黄橡木复合地板搭配一张斑马纹地毯，在材料搭配上给整个书房增添了一丝暖意，在色彩搭配上给空间带来层次感。

材料搭配
黄橡木复合地板+白枫木踢脚线
+斑马纹地毯

淡纹理实木地板

实木地板因材质不同, 硬度、色泽、纹理的差别很大。淡纹理的实木地板主要有榉木、花木、白橡木、水曲柳木等, 其中以水曲柳木最为常见。水曲柳木的材料性能好, 色泽浅淡, 纹理通直, 在小面积的空间中十分适用。

设计详解: 淡纹理实木地板色泽浅淡温润, 纹理清晰, 让以白色为背景色的小书房在色彩设计上更有层次感。

材料搭配
实木地板+仿动物皮毛地毯

如何选购实木地板

1.地板的含水率。我国不同地区对木地板的含水率要求均不同，国家标准所规定的含水率为10%~15%。购买时先测展厅中选定的木地板的含水率，然后再测未开包装的同材种、同规格的木地板含水率，如果相差在2%以内，可认为合格。

2.观测木地板的精度。用10块地板在平地上拼装，用手摸、用眼看其加工质量，包括精度、光洁度是否平整、光滑，榫槽配合、安装缝隙、抗变形槽等拼装是否严紧。

设计详解：书房空间的实木地板与木质家具都有一份古朴的质感，再通过各种元素的色彩调节，完美地营造出新中式的独特韵味。

材料搭配
实木地板

3. 检查基材的缺陷。看地板是否有死节、活节、开裂、腐朽、菌变等缺陷。由于木地板是天然木制品，客观上存在色差和花纹不均匀的现象，如若过分追求地板无色差是不合理的，只要在铺装时稍加调整即可。

设计详解：书房地面采用与墙面、家具同一色调的实木地板进行铺装，增强了书房的整体感，同时为了避免过度的单调，家具及墙面都以黑色线条进行调节。

材料搭配
实木地板+黑色人造石踢脚线

4. 挑选板面、漆面质量。油漆分UV、PU两种。一般来说，含油脂较高的地板如柏木、蚁木、紫心苏木等需要用PU漆，用UV漆会出现脱漆、起壳现象。选购时关键看烤漆漆膜光洁度，以及有无气泡、是否漏漆、耐磨度如何等。

设计详解：小书房采用浅纹理的实木地板作为地面装饰材料，再搭配一张深色的羊毛地毯，既增添了温度感，又能很好地调节地面的色彩层次。

材料搭配
实木地板+白色木质踢脚线+羊毛地毯

设计详解： 地板的色泽温润，纹理清晰自然，与整个空间的色彩设计、选材设计完美融合，营造出一个十分舒适自然的学习空间。

材料搭配
实木地板+白枫木踢脚线

设计详解： 用淡纹理的实木地板来装饰书房地面，让整个空间因为淡色而显得更加明亮、舒适。

材料搭配
实木地板+实木踢脚线

✎ 装修小课堂

如何布置小居室书房

客厅中挤出书房：在客厅的一角用地台和屏风简单地加以划分，墙上再做两层书架，下面做一个书桌，一个别致的小书房就出现了。

卧室中挤出书房：可以在床边设计一张小书桌，还可以再设计一个双层书架悬吊于空中，加一盏落地灯，一个既温馨又简洁的小书房就坐落于卧室中了。

阳台挤出书房：许多家庭也许没有条件将单独的房间用作书房，但将一个小阳台改造成书房却是可行的。

艺术地毯

艺术地毯具有经久耐用、容易清洁等特性，既有特殊的编织纹路，又有耐磨、防火、消声等效果，且其上摆放书桌之后不会有压纹产生，既美观又实用。

设计详解：中式风格的云纹艺术地毯无论是色彩还是质感都能给书房空间增加温暖的气息。

材料搭配
艺术地毯+金属地砖

设计详解：色彩斑斓丰富的条纹艺术地毯给配色简单的现代风格书房增添了生趣。

材料搭配
实木地板+艺术地毯

设计详解： 小面积的书房空间，适合选择几何图案的艺术地毯作为地面装饰，因为几何图案能在视觉上拓展空间，可以有效地缓解小空间的局促感。

材料搭配
几何图案艺术地毯+洗白木纹砖
+黑色人造石踢脚线

装修小课堂

如何选用书房的坐椅

坐椅应以转椅或藤椅为首选。坐在写字台前学习、工作时，常常要从书柜中找一些相关书籍，带轮子的转椅和可轻便移动的藤椅可以给主人带来不少方便。根据人体工程学设计的转椅能有效承托背部曲线，应为首选。

半抛木纹砖

半抛木纹砖的表面相比其他木纹砖更加光滑，带有亮釉表层，纹理较深，具有很强的防滑性与耐磨性。半抛木纹砖色泽淡雅，适用于现代风格、田园风格、日式风格等配色简洁的空间使用。此外，如果想让木纹砖更具有装饰效果，可以在设计铺装上花些心思，例如：采用斜铺或者人字拼等方式来代替传统的直纹铺装方式，既能缓解直纹带来的视觉延伸感，又能缓解单一材质的单调。

设计详解：木纹砖具有与木地板同样的视觉温度感，浅米色的木纹地砖采用顺纹理铺设的方式，给整个书房增添了整体感。

材料搭配
浅米色半抛木纹砖

04/

休闲区、阳台

休闲区、阳台的设计要点

对于一般的家居装修而言，休闲区通常是以吧台或榻榻米的形式出现，在造型、色彩等主要设计上应以舒适为主。装饰造型不宜太过夸张，色彩应以浅淡舒适的色调为主。

阳台最重要的功能就是要享受阳光。可以选择放置一套造型简洁的休闲桌椅或茶几，加上温暖的阳光，带来惬意而自然的舒适生活。此外，阳台装修最重要的一点是防水，做好防水，在设计上就能尽情发挥。

休闲区、阳台顶面装饰材料

休闲区、阳台顶面造型速查

现代简约风格休闲区、阳台顶面造型

- 平面石膏板+嵌入式黑色烤漆玻璃
- 弧形错层石膏板+错层石膏装饰线+灯带
- 炭化木板+洗白板岩砖
- 方形错层石膏板+灯带

传统美式风格休闲区、阳台顶面造型

- 圆角方形错层石膏板+灯带
- 红实木井字格造型+纸面石膏板
- 长方形错层石膏板+浅木色炭化木吊顶
- 方形石膏板错层+深色炭化木吊顶

清新田园风格休闲区、阳台顶面造型

- 方形错层石膏板+木色防腐木吊顶
- 方形错层石膏板+石膏装饰线+白色乳胶漆
- 木质格栅+平面石膏板
- 木色炭化木井字格吊顶

古典中式风格休闲区、阳台顶面造型

- 错层石膏板+实木窗棂镂空吊顶
- 实木顶角线+平面石膏板
- 深炭化木混油+实木顶角线
- 实木格栅吊顶+石膏顶角线

奢华欧式风格休闲区、阳台顶面造型

- 圆弧形错层石膏板+金箔壁纸
- 长方形错层石膏板+灯带
- 长方形错层石膏板+茶色装饰镜
- 石膏板菱形拓缝

浪漫地中海风格休闲区、阳台顶面造型

- 洗白炭化木吊顶+彩色乳胶漆
- 平面石膏板+圆角石膏顶角线
- 原木色防腐木吊顶
- 长方形错层石膏板+原木色防腐木

简欧式风格休闲区、阳台顶面造型

- 圆弧形跌级石膏板+黑镜装饰镜面
- 长方形错层石膏板+车边茶镜+灯带
- 石膏梁式吊顶

弧形吊顶

　　弧形吊顶是现代风格家居中十分具有代表性的吊顶造型设计。弧形吊顶按照设计样式分类，可以是在吊顶与墙面的衔接处使用弧形造型设计；还可以是将顶棚的顶端设计成弧形。弧形吊顶可以很好地改变墙面与顶面横平竖直的传统格局。大部分弧形吊顶在阳台或阁楼等休闲空间比较常用，弧度感能给空间带来优美活跃的美感。

装修小课堂

阳台装饰的注意事项

　　由于现在家居户型设计上，居室阳台的面积越来越大，人们对阳台的装饰要求也越来越高，一些业主甚至完全采用等同于室内空间的手法来进行布置。但是，不要忘了阳台一般都是悬挑于楼外的，经不起太大的猛烈撞击；在阳台上也不宜放置过于沉重的家具。所以在装饰阳台时，应该时刻把安全置于首要位置。

防腐木吊顶

　　防腐木是经过200℃以上的高温将木材的内部水分去除，同时破坏其内部的微生物结构，使木材失去腐朽因素，从而具备防腐的特性。除此之外，防腐木还具有不易变形、耐潮湿、稳定性高等特点，十分适用于室外阳台使用。

设计详解： 将阳台改造成休闲区，顶面采用防腐木作为装饰材料，既有装饰功能，又很实用，还能通过材质颜色来营造一个温暖舒适的休闲空间。

材料搭配
原木色防腐木吊顶

设计详解：将防腐木横向排列于阳台顶面，在视觉上拓宽了整个阳台。搭配大面积的飘窗，让整个深色调的空间更加明亮。

材料搭配
防腐木吊顶+红樱桃木饰面垭口

设计详解：黑色+白色是现代风格中最常用的配色手法，使用暖意十足的原木色防腐木作为顶面及地面装饰材料，成为阳台设计的一大亮点，让整个空间显得更加温暖舒适。

材料搭配
原木色防腐木吊顶+白枫木饰面垭口

钢化玻璃吊顶

　　钢化玻璃属于安全玻璃，它是一种预应力玻璃。为提高玻璃的强度，通常使用化学或物理的方法，在玻璃表面形成压应力，玻璃承受外力时首先会抵消表层应力，从而提高其承载能力，增强玻璃自身的抗风压性、抗寒暑性、抗冲击性等。钢化玻璃吊顶适用于半封闭式的阳台使用，通透又富有现代感。

设计详解：采用钢化玻璃作为顶面装饰材料，可以让休闲区的阳光更加充足，从而打造一个更加舒适温暖的休闲空间。

材料搭配
钢化玻璃+轻钢龙骨

设计详解：顶面的轻钢龙骨设计成井字格造型，再搭配磨砂钢化玻璃，简洁大方，充分展现了现代风格的装饰特点。

材料搭配
轻钢龙骨+磨砂钢化玻璃

设计详解：选用钢化玻璃作为阳光房的顶面装饰材料，可以保证整个空间的良好光照，从而打造一个安逸舒适的世外桃源。

材料搭配
钢化玻璃+木龙骨

设计详解：阳台顶面将龙骨设计成井字格造型，再搭配通透感十足的钢化玻璃，既能保证空间采光，又能缓解阳台空间层架不高带来的尴尬。

材料搭配
轻钢龙骨井字格造型+钢化玻璃

轻钢龙骨装饰横梁

传统意义上的轻钢龙骨是作为顶面的基层框架存在的，它是以优质的连续热镀锌板带为原材料，经冷弯工艺轧制而成的建筑用金属骨架。在阳台这样休闲功能很强的空间中，单独采用轻钢龙骨作为顶面的装饰横梁，不做任何表现上的修饰，营造一个粗犷又贴近自然的休闲空间。

设计详解： 尖顶造型的顶面设计采用轻钢龙骨做出支架，再搭配钢化玻璃，在保证采光的同时还能起到很好的装饰效果。

材料搭配
轻钢龙骨尖顶造型+钢化玻璃

设计详解： 层架不高的休闲区可以将轻钢龙骨设计成格栅造型，再搭配钢化玻璃来做顶面装饰，既能兼顾室内的采光问题，还能与室内装饰风格相协调。

材料搭配
轻钢龙骨格栅造型+钢化玻璃

设计详解： 将阳光房的顶面轻钢龙骨设计成井字格造型，一方面具有良好的装饰效果，另一方面还能缓解钢化玻璃承重不足所带来的困扰。

材料搭配
轻钢龙骨井字格造型+钢化玻璃

✏ 装修小课堂

阳台做休闲区的方法

　　阳台作为休闲区，让常青藤类的植物攀爬于阳台上，把游山玩水时带回来的各具特色的小饰品挂于侧墙上，再放上藤艺的茶桌，可以提升阳台的韵味。这个自然清新的环境虽然并不复杂，却为主人今后的生活提供了一个单独的区域，提供了一个新的场景。

休闲区、阳台墙地通用装饰材料

休闲区、阳台的墙面、地面造型速查

现代简约风格休闲区、阳台墙面造型

• 六角雾面墙砖拼贴+彩色乳胶漆

• 浅木色防腐木拼贴

现代简约风格休闲区、阳台地面造型

• 米色抛光砖+鹅卵石

• 洗白木纹砖顺铺+白色木质踢脚线

传统美式风格休闲区、阳台墙面造型

• 文化石造型墙

• 浅木色炭化木人字拼+木质隔板

传统美式风格休闲区、阳台地面造型

• 深褐色陶质木纹砖+实木踢脚线

• 洗白仿古砖+深啡网纹大理石波打线

清新田园风格休闲区、阳台墙面造型

• 红砖造型墙+彩色乳胶漆

• 条纹壁纸+木质隔板

清新田园风格休闲区、阳台地面造型

• 板岩砖+鹅卵石

• 仿古砖拼花+陶瓷马赛克

古典中式风格休闲区、阳台墙面造型

• 中式木质格栅间隔

• 木工板凹凸造型+壁纸+黑镜装饰线

古典中式风格休闲区、阳台地面造型

• 米黄色网纹玻化砖拓缝

• 淡纹理无缝玻化砖+黑金花大理石波打线

奢华欧式风格休闲区、阳台墙面造型

• 木工板凹凸造型+红樱桃木装饰线+布艺软包

• 木工板凹凸造型+白枫木饰面板+白色硅藻泥壁纸+深色科定板

奢华欧式风格休闲区、阳台地面造型

• 红橡木复合地板+混纺地毯

• 米黄色亚光地砖+陶瓷马赛克

浪漫地中海风格休闲区、阳台墙面造型

• 洗白石英板岩砖+大理石壁炉造型

• 实木格栅+彩色乳胶漆

浪漫地中海风格休闲区、阳台地面造型

• 无纹理亚光地砖

• 洗白仿古砖+艺术瓷砖波打线+陶瓷马赛克

简欧风格休闲区、阳台墙面造型

• 陶瓷马赛克+中花白大理石

• 木工板凹凸造型+布纹砖+白枫木装饰线+壁纸

简欧风格休闲区、阳台地面造型

• 陶瓷马赛克拼花+米黄色玻化砖+白色实木踢脚线

• 云纹艺术地毯

南方松

南方松是将松木经过高温炭化后加入防腐药剂而制成的，它具有耐日光、抗潮湿的特点。防腐药剂属于化学元素，会对人体产生一定的危害，因此在选购南方松的时候，应注意尽量选购正规厂家生产的产品，最好选择防腐药剂为不伤人体的ACQ（季铵铜的简称）成分。基于南方松的制作工艺与产品特性，它一般被用于室外阳台的装饰使用。

设计详解： 露天阳台采用具有防腐功能的南方松作为地面与墙面的装饰，很好地打造出一个清新自然的田园生活氛围。

材料搭配
南方松

设计详解： 以南方松作为整个阳台的地面装饰，不仅能给室内空间带来一定的温度感，还充分利用了其耐日光、防潮的特点。

材料搭配
南方松

设计详解： 对于阳光充足的休闲空间，地面、墙面、顶面选择木质材料作为装饰，可以有效地避免光的反射，更易于打造一个舒适温暖的休闲空间。

材料搭配
南方松

✎ **装修小课堂**

开放式设计小型休闲室

选取客厅一隅，规划一个开放的角落，利用活动隔屏或透明玻璃或只利用木地板架高，都可以突显空间的层次感，却不会造成空间的压迫感。只要简单布置一张小茶几、几把椅子或几个抱枕，依墙、依窗规划或席地而坐，简简单单即可拥有一个独特、自我的休闲空间。

陶质木纹砖

陶质木纹砖的硬度相比其他木纹砖要低，表面经过抛光处理，墙面、地面都可以使用。陶质木纹砖的色泽光亮，色彩丰富，纹理比较平滑，防滑效果比较差，因此更多情况下被用于墙面的装饰。

设计详解： 双色陶质木纹地砖在色彩上让整个休闲空间更加舒适、自然。

材料搭配
石膏板浮雕+圆角石膏装饰线+双色陶质木纹砖

设计详解： 休闲区的地面采用木纹地砖拼花的方式来丰富地面的造型设计，可以有效地缓解大面积空间所带来的空旷感。

材料搭配
陶质木纹砖+白色木质踢脚线

设计详解: 使用淡色调作为休闲区的背景色,地面采用深色陶质木纹砖进行铺装设计,既保证空间的舒适度,也让整个空间配色更有层次。

材料搭配
深色陶质木纹砖+大理石波打线

设计详解: 阳台采用带有做旧效果的陶质木纹砖进行地面铺设,再将大量的绿植融入其中,完美地打造出一个具有乡村情怀的田园风格空间。

材料搭配
做旧陶质木纹砖+鹅卵石

红砖

红砖一般由红土制成，依据各地土质的不同，砖的颜色也不完全一样。一般来说，红土制成的砖及煤渣制成的砖比较坚固，既有一定的强度和耐久性，又因其多孔而具有一定的保温隔热、隔声等优点。无论是室内还是室外，采用红砖来装饰墙面，都能营造出一个典雅古朴的氛围，又拥有个性的装饰风格。

设计详解： 休闲区的墙面采用红砖进行墙面装饰，很好地营造出乡村美式风格粗犷自然的装饰特点。

材料搭配
红砖+植绒壁纸

设计详解：红砖在中式风格居室装饰中十分常见，与红色实木家具相搭配，轻而易举便能营造出一个古朴自然的中式风格空间。

**材料搭配
红砖**

✎ 装修小课堂

以茶文化为主的休闲室

以品茶、下棋、读书功能为主的休闲室，宜挂几幅格调高雅的书法和国画，能给休闲室增添几分儒雅、清新之感，怡情养性，在潜移默化中，使主人性情豁达，气质不俗。

青砖

青砖一般选用天然黏土精制而成,烧制后呈青黑色。一般来说,黏土烧制成的砖及煤渣制成的砖比较坚固,既有一定的强度和耐久性,又因其多孔而具有一定的保温隔热、隔声等优点,居室内以青砖来装饰墙面,能体现素雅、沉重、古朴、宁静的美感。

设计详解: 青砖的色彩更适用于新中式风格空间的装饰使用,再搭配中式风格特有的竹制家具,完美地营造出新中式风格自然淳朴氛围。

材料搭配
青砖+白枫木饰面板

设计详解： 青砖从配色角度来讲十分适用于中式风格家居装饰使用，青灰色的墙面搭配带有传统中式韵味的家具及饰品，展现出专属于中式风格的品位与美感。

材料搭配
青砖+实木装饰花格

设计详解： 露天阳台采用大面积的青砖作为外墙装饰，再搭配一些青花瓷器与木格栅元素，完美地打造出一个具有现代中式韵味的世外桃源。

材料搭配
青砖+实木格栅推拉门+板岩砖

板岩

板岩是一种变质岩，属于天然石材，与大理石及花岗岩相比，它不需要特别的维护。板岩的色彩丰富，有灰黄、灰红、灰棕、灰白等多种颜色，同时还具有防滑、耐用的特点，在室内外的墙面及地面都可以使用。

设计详解：采用米色板岩作为阳台的墙面装饰，再搭配一些藤制家具与饰品，完美地营造出一个充满异域风情的休闲空间。

材料搭配
米色板岩+装饰地毯

设计详解:露天阳台地面采用纹理与质地比较粗犷的板岩作为装饰,既能起到防滑作用,又能起到装饰作用。

材料搭配
不规则造型板岩

✎ 装修小课堂

田园空间的装饰材料选择

越来越多的人向往平静而惬意的田园生活,所以简约、自然的家具风格受到很多人青睐。选用一些朴实、天然的具有天然纹理的石材,可达到非常理想的效果。

釉面砖

　　釉面砖的表面经过施釉和高温高压烧制处理。这种瓷砖由土坯和釉面两个部分构成，有亮光釉面砖和亚光釉面砖两种。亮光釉面砖，砖体的釉面光洁干净，光的反射性良好，这种砖比较适合铺贴在墙面。亚光釉面砖，砖体表面光洁度差，对光的反射效果差，但给人的感觉比较柔和舒适，适于地面的装饰。

设计详解：彩色釉面砖装饰的墙面将田园风格的清新与自然完美地展现出来。

材料搭配
彩色釉面砖

设计详解： 采用双色斜拼的方式进行地面的铺装设计，既能丰富地面的造型设计，又能提升空间的配色层次。

材料搭配
双色釉面砖斜拼

设计详解： 客厅与休闲区之间的间隔巧妙地利用地砖的铺设来完成，成为整个空间设计的点睛之笔。

材料搭配
彩色釉面砖斜拼

设计详解： 蓝色做旧效果的釉面地砖与混色陶瓷马赛克完美结合，打造出一个梦幻又充满异域风情的地中海风格空间。

材料搭配
蓝色釉面砖拼花+陶瓷马赛克

金属砖

　　金属砖的原料是铝塑板、不锈钢等含有大量金属的材料，它可呈现出拉丝及亮面两种不同的金属效果。常见的金属砖多为金属马赛克，能够彰显高贵感和现代感，可用于现代风格、欧式风格的室内环境中。金属砖拼接款式多样，不仅有单纯的金属砖拼接，还有与其他材料拼接的款式。金属砖质轻、防火，而且环保。

设计详解：以金属砖作为阳台地面装饰材料，在色彩上与墙面、顶面相协调，很好地营造了一个简洁舒适的新中式风格休闲空间。

材料搭配
金属砖+深啡网纹大理石波打线

设计详解：深色的金属砖搭配中式风格的实木家具，完美演绎出古典中式风格的古朴与韵味。

材料搭配
金属砖+大理石踢脚线

设计详解： 通过运用亚光质感的金属砖与纯毛地毯的搭配，给这个以黑白为主要配色的小空间增添了暖意。

材料搭配
金属砖+纯毛地毯

金属砖的挑选

1. 外观。好的金属砖无凹凸、鼓突、翘角等缺陷，边直面平。选用优质金属砖不但容易施工，可以铺出很好的效果，看起来平整、美观，而且还能节约工时和辅料，经久耐用。

2. 釉面。釉面应均匀、平滑、整齐、光洁、细腻、亮丽，而且色泽要一致。

3. 色差。将几块金属砖拼放在一起，在适度的光线下仔细察看，好的产品色差很小，产品之间的色调基本一致。

塑木地板

　　塑木地板是一种十分环保的装饰材料,是以废弃木材及回收塑料制成的塑木复合材料,不仅在视觉上保留了木材的温润及质感,又拥有塑胶的防潮、防虫的优点。塑木地板表面纹理通直,花色纹理均匀,少了天然木材的自然感。

设计详解: 使用塑木地板作为阳台地面的装饰,既能起到装饰效果,又有防水、防潮的功能。

材料搭配
原木色塑木地板

设计详解: 塑木地板以温润的色泽与浅淡的纹理,为整个休闲区带来一丝舒适的暖意,有效地缓解了大量冷色带来的素净感。

材料搭配
塑木地板+混搭地毯

✏ 装修小课堂

休闲空间的创意设计

试试把阳台或休闲区布置成一个小小的阳光书房。将阳台用玻璃和木材封闭成小书房,窗外的绿意触手可及,加上温暖的阳光,这样的书房定能让你满心欢喜。如果就只想享受阳光,那么只要在阳台上放置休闲椅和茶几,这样的阳台,会让你感觉既舒适又惬意。

榻榻米

　　榻榻米是传统日式家居中最经典的一种地面装饰，它一年四季都可以铺在地上供人坐或卧。榻榻米主要是木质结构，面层多为蔺草，冬暖夏凉，具有良好的透气性和防潮性，有着很好的调节空气湿度的作用。喜欢休闲风格的业主，可以设计一个榻榻米，用来下棋消遣或者喝茶、聊天。

设计详解： 田园风格的配色与家具搭配传统日式榻榻米，营造出一个舒适自然、独具特色的混搭风格空间。

材料搭配
榻榻米蔺草+实木地板

设计详解: 在小休闲区内设置榻榻米,可以将整个空间的配色做成浅淡的暖色调,能有效地避免小空间所产生的紧凑感。

材料搭配
榻榻米蔺草

榻榻米的选购

1.外观。榻榻米的外观应平整挺拔。

2.表面。榻榻米表面的草席若是呈绿色,紧密均匀,而且紧绷,用双手将其向中间紧拢而不留缝隙,就是好的。

3.草席。草席接头处,"丫"形缝制应斜度均匀,棱角分明。

4.包边。包边的针脚应均匀,用米黄色维纶线缝制,棱角如刀刃。

5.底部。底部应有防水衬纸,采用米黄色维纶线缝制,无跳针线头,通气孔均匀。

6.厚度和硬度。四周边的厚度应相同,硬度应相等。

劣质榻榻米的表面有一层发白的泥染色素,粗糙且容易褪色。填充物的处理如果不到位,会使草席内掺杂灰尘、泥沙。榻榻米的硬度如果不够,则易变形。

设计详解：在传统古典欧式风格休闲区内,融入传统日式风格的榻榻米,形成东西合璧的混搭风格。

材料搭配
皮革榻榻米

六角砖拼花

六角砖又被称为六边形瓷砖，属于釉面瓷砖的一种。其色彩多样，表面呈亚光状，无纹理，能够营造出清新、自然的空间氛围，是北欧风格、田园风格、地中海风格家居装饰中比较常见的地面装饰材料。

设计详解： 地面采用木纹六角砖拼花作为地面装饰，再搭配一些带有传统欧式风格元素的家具及装饰物，完美地打造出一个带有轻奢美感的休闲学习空间。

材料搭配
木纹六角砖拼花+艺术地毯

设计详解： 用黑、白、灰三种颜色的地砖来进行地面铺装设计，完美地演绎北欧风情的简洁与精致。

材料搭配
三色六角砖拼花+黄橡木复合地板

窗类及其配件

设计详解: 阳台与室内以通透的清玻璃推拉门作为间隔,有效地划分空间的同时还不会影响室内的采光。

材料搭配
清玻璃推拉门+实木地板

设计详解: 整个休闲区的家具风格与色彩搭配都彰显出浓郁的东南亚风情,丝质遮光帘的应用保证了休闲区的舒适度。

材料搭配
防腐木吊顶+金属砖+丝质卷帘

广角窗

广角窗是由铝门窗材质搭配单层玻璃或双层玻璃制造而成的。广角窗的种类多样，有八角、三角、多边形、圆形等多种造型。广角窗除了造型多变，另一个最大的特点就是它可以凸出墙面之外，增加室内空间的同时还可以让视觉更加宽阔。

设计详解： 整个休闲空间以木色、白色作为主要色调，深色调木地板的加入为整个空间增添了稳重感，营造出一个舒适浪漫的空间氛围。

材料搭配
米色肌理壁纸+红橡木强化地板

设计详解： 阳台改造的休闲区域内搭配一面圆形的广角窗，保证室内采光的同时，还能为日常生活提供一个舒适的休闲空间。

材料搭配
浅橡木复合地板+白枫木踢脚线

广角窗的选购

在选购广角窗的时候，首先应该注意的是上下盖子是否为一体成型，没有接缝；其次要注意玻璃、窗框的材质。广角窗凸出的部分，会做上下盖，一体成型的上下盖为最佳，若能加强表面的防撞处理、发泡处理、膨胀处理，便更能保证其防水功能，还能减少噪音，达到气密、隔热的效果。

百叶窗

百叶窗相较于百叶帘较宽，一般用于室内、室外的遮阳及通风处。现在已为越来越多人认同的百叶幕墙也是从百叶窗进化而来的。百叶窗以叶片的凹凸方向来阻挡外界视线，采光的同时阻挡了由上至下的外界视线。百叶窗层层叠覆式的设计保证了家居的私密性。而且，百叶窗封闭时就如多了一扇窗，能起到隔声隔热的作用。通常情况下，百叶窗按材质可分为塑料百叶窗与铝塑百叶窗。塑料百叶窗韧性较好，但是光泽度和亮度都比较差；塑铝百叶窗则易变色，但是不褪色、不变形、隔热效果好、隐蔽性高。在挑选百叶窗时可以根据安装空间考虑材质，如用在厨房、厕所等较阴暗和潮湿的小房间，就宜选择塑料百叶窗，而阳台、客厅、卧室等大房间则比较适合安装塑铝百叶窗。

设计详解：大面积的落地窗让整个休闲区的视野更加开阔，而百叶窗的加入则保证了空间的舒适度，有效地避免过度的光照给人带来的不适感。

材料搭配
木质百叶窗+白枫木装饰立柱

设计详解：休闲区背景色以米色为主，为避免背景色的单调感，一方面可以通过材质的变换来进行调节，另一方面可以通过一些小家具及小摆件等软装元素来进行点缀。

材料搭配
米色印花壁纸+成品订制书柜+百叶窗

百叶窗的选购方法

在选购百叶窗时，最好先触摸一下百叶窗的窗棂片，看其是否平滑，看看每一个叶片是否有毛边。一般来说，质量优良的百叶窗在叶片细节方面处理得较好。若质感较好，那么它的使用寿命也会较长。需要结合室内环境来选择搭配协调的款式和颜色，同时还要结合使用空间的面积进行选择。如果百叶窗用来作为落地窗或者隔断，一般建议选择折叠百叶窗；如果作为分隔厨房与客厅空间的小窗户，建议选择平开式百叶窗；如果是在卫生间用来遮光的，可选择推拉式百叶窗。

设计详解： 榻榻米、百叶窗与带有描金把手的收纳抽屉，勾勒出一个具有混搭格调的休闲空间，舒适自然又不乏创意。

材料搭配
红樱桃木百叶窗+复合木地板+有色乳胶漆

设计详解： 深色的百叶窗不仅能遮挡阳光，起到保护视力的作用，同时还能在材质及色彩上对整个空间进行色彩调节。

材料搭配
深色木质百叶窗+有色乳胶漆

设计详解： 在阳台改造的书房空间内，百叶窗的应用是十分明智的，可以有效地控制空间采光，从而营造出一个舒适的阅读空间。

材料搭配
白色百叶窗+壁纸

设计详解：榻榻米是一种既具有使用功能，又带有装饰效果的家装手段，现代日式花纹与木色完美的结合，营造出别具一格的禅意空间。

材料搭配
白色百叶窗+成品实木书柜

百叶窗的安装

百叶窗有暗装和明装两种安装方式。暗装在窗棂格中的百叶窗，它的长度应与窗户高度相同，宽度却要比窗户左右各缩小1~2厘米。若明装，长度应比窗户高度长约10厘米，宽度比窗户两边各宽5厘米左右，以保证其良好的遮光效果。

设计详解：以白色作为休闲区的背景色，再适当地搭配一些暖色与黑色元素作为点缀，层次分明，营造出一个温馨、舒适的休闲空间。

材料搭配
整体木百叶窗+黑色烤漆玻璃+深色强化木地板

气密窗

　　气密窗几乎是每个家居空间装修中的基本配备,气密窗的好坏很难在表面上直接看出来,必须通过其出厂证明及检验证明来了解气密窗的等级,从而鉴定其隔音效果是否好。通常情况下隔音在28分贝以上的气密窗才能有隔音效果。

设计详解: 阳台改造的休闲区采用彩色釉面砖及原色实木地板作为背景装饰,再搭配深色调的实木家具,完美地演绎出美式田园的风格特点。

材料搭配
彩色釉面砖+实木地板

设计详解: 阳台的顶面采用炭化木作为装饰材料,搭配米色的墙面、地面与白色纱幔,使整个阳台区域呈现出温馨浪漫的空间氛围。

材料搭配
炭化木吊顶+米色抛光砖

设计详解: 阳台选择以白色+大地色作为空间配色,再搭配大量的绿色植物,完美地营造出田园风格崇尚自然、亲近自然的风格特点。

材料搭配
白色板岩砖+黄松木扣板+金属砖+鹅卵石

气密窗的玻璃选择

气密窗除了金属框架之外,大部分面积为玻璃,因此在玻璃的厚度选择上至关重要。玻璃的厚度决定了隔音性能的好坏,玻璃越厚,隔音效果越好。目前市场上玻璃的种类可以分为单层平板玻璃、胶合安全玻璃和双层玻璃。在厚度相同的情况下,胶合安全玻璃的隔音效果是最好的,因为胶合安全玻璃的两片玻璃中间有金属膜连接,声音的传递会因为金属膜而降低,因此,具有较好的隔音功能;双层玻璃就是由两层玻璃组成的,它的隔热效果很好,隔音效果要比单层玻璃好,但是不如胶合安全玻璃。

折叠纱窗

纱窗的作用主要是防蚊、防虫，又不影响室内的通风。折叠纱窗可以根据需求收入线轴内，十分节省空间。相比普通纱窗，折叠纱窗具有多种开窗方式，视开窗面积的大小，可设计为单道、双道或多道开窗方式。除此之外，折叠纱窗还可以加入无纺布及塑料，来达到防水的功能。

设计详解：整个休闲区通过装饰材料的质感、色彩等元素的搭配，完美地营造出一个温馨舒适的日式田园风格空间。

材料搭配
PVC发泡肌理壁纸+白桦木饰面板

隐形安全护网

　　每组隐形安全护网由49条不锈钢组成，承重力强，每条可以承受80千克的重量。隐形安全护网不阻碍观景，但是并不具备防盗功能。隐形安全护网以不锈钢丝搭配铝合金轨道框架，直接固定在墙面或窗台上，钢线具有不移位、不松脱的特点，而且使用寿命也很长。经过改良的隐形安全护网可以增加报警装置，可以有效地弥补产品本身的不足。